Crocheted Wire Jewelry

金屬編織

未來系魅力精工飾品DIY

愛蓮・費雪 *Arline M.Fisch* 著
譯者：嚴洋洋

上自己的設計，無價！
的品味，由你自己來創造。配戴自己設計的珠寶首飾，展現自我風格與魅力，將不再是夢想。
款代表自我肯定的未來系精工飾品，創造卓爾不凡的個人魅力。
步一步DIY，讓你發揮無限的設計潛力、創造獨一無二、媲美高級珠寶品牌的個性化首飾。

What' s Art 013

金屬編織——未來系魅力精工飾品DIY

Crocheted Wire Jewelry：Innovative Designs & Projects by Leading Artists

作　　者：愛蓮．費雪（Arline M. Fisch）
譯　　者：嚴洋洋
總 編 輯：許汝紘
副總編輯：楊文玄
美術編輯：楊詠棠
行銷經理：吳京霖
發　　行：楊伯江、許麗雪
出　　版：信實文化行銷有限公司
地　　址：台北市大安區忠孝東路四段 341 號 11 樓之三
電　　話：（02）2740-3939
傳　　真：（02）2777-1413
www.wretch.cc/ blog/ cultuspeak
http://www. cultuspeak.com.tw
E-Mail：cultuspeak@cultuspeak.com.tw
劃撥帳號：50040687 信實文化行銷有限公司

印　　刷：彩之坊科技股份有限公司
地　　址：新北市中和區中山路二段 323 號
電　　話：（02）2243-3233

總 經 銷：聯合發行股份有限公司
地　　址：新北市新店區寶橋路 235 巷 6 弄 6 號 2 樓
電　　話：（02）2917-8022

2011 年 7 月 1 日 再版
定價：新台幣 320 元

國家圖書館出版品預行編目資料（CIP）資料

金屬編織：未來系魅力精工飾品DIY／
愛蓮．費雪（Arline M.Fisch）著；嚴洋洋譯.
再版——臺北市：佳赫文化行銷，2011.06
面；　公分 ——（藝術館 What's Art；13）
譯自：Crocheted wire jewelry：innovative
designs & projects by leading artists
ISBN：978-986-6271-46-5（平裝）
1. 裝飾品　2. 金屬工藝　3. 珠寶設計

426.77　　　　　　100009998

目次

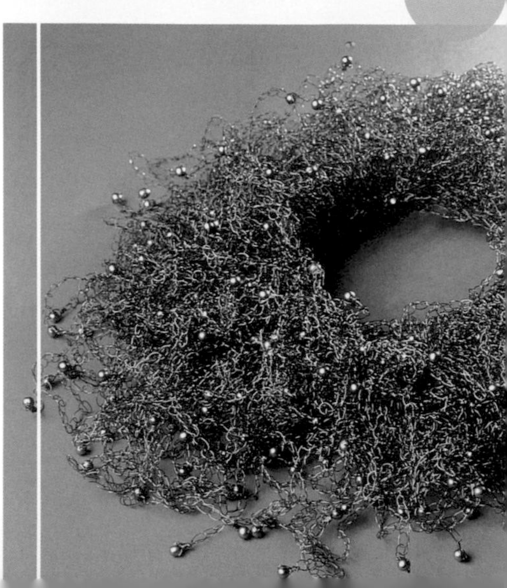

編織一個閃亮亮的夢想

近年來，編織工藝逐漸受到普羅大眾的重視，受歡迎的程度是從本世紀六十、七十年代以來從未見過的。編織的技巧簡易上手，對製作飾品來說最為合適。只要應用其中幾種針法，就能透過線形結構或密實層疊的花樣圖案，創造平面或是三D立體等多重呈現效果。若更進一步地編入小玻璃珠、礦石或珍珠，所造成的華麗色澤和貴氣都將使人驚豔。編織金屬絲作法的難度不比鉤編毛線高，透過織物的伸縮特性，也能使冷硬刻板的金屬，變得溫柔溫暖。

編織工藝的學問深且廣，成品的難易等級還有花樣、織物的材質和款式等等都有所區隔。使用質地細緻的材料，做出的成品偏輕巧精美；若用質地厚實的原料，作出來的成品則是重量和風格兼具。單單藉由鏈縫針法，也可以做出極簡型態的飾品；若用繁複的圖案針法加以規劃設計，做出來的編織成品將蘊藏更豐富的意涵。

編織時利用針法織出多重環節，飾物的組織會是開放、具延展性的；或是緊密連接的環節，來讓質地緊實細緻。編織飾品最有趣和引人入勝之處，就在於可以即興地朝任何方向發展。一個飾物的開頭可以隨意插入掛鉤或環列，只要編織的針法隨之變化，就能讓飾品形式發展出無盡可能。

對於使用紡織品來創作的藝術家來說，要轉換創作的原料為金屬材質並不困難。除了要轉換創作元素的物性，搭配的加工用具也很重要。對於慣用金屬來創作的人來說，需要調整的只有心態——編織飾物是沒有磨光或修整表面這樣的工序。編織金屬絲飾物不會有銳角或是光滑的表面，這樣做法的工藝品會有的是：可以隨編織方式自由發揮的線條，和軟性的組織。但是這樣的自由發展也要創作者具備基本的編織技巧，能夠讓針法的編排順序達到創意發想要的結果。

去學習一種全新的技術，會比改變一種新的創作物料來得困難；不過已經有為數甚多的藝術家，大膽接受這樣的挑戰，持續地開發創新大量的美麗金屬飾品。

鎖針編織最簡易

對我而言，我認為鎖針編織非常容易變化針數和型態，只是呈現方式的不同。我織過近哩長的鎖針編織，加以變化後就成為出色的飾物。當然編織框（hairpin lace frames）的應用也是，完全是排列組合的變化而已。所以練習過簡單的作品後，我的自信大增，使用較細緻的工具來編織圓盤和球體也難不倒我。之後再多作一些點綴或困難度高的作品，我也樂在其中。

編織基本上是藉由不斷重複單針鉤法，造成環環相扣的組織。事實上，英語的編織（crochet）一詞正來自鉤子一字的法文（crochet）。令人訝異的是，沒有任何文獻證明，在十九世紀前歐洲有編織工藝的存在；即使紡織工業和其他手工藝已經有源遠流長的歷史。編織工藝在歷史上的初登場，應該是出現在北歐：一件使用滑針編織成的厚暖羊毛衣物。在挪威和蘇

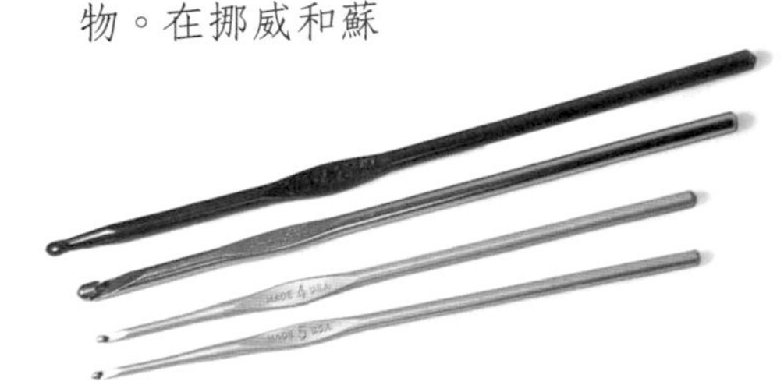

格蘭發現早期的編織作品，只是用簡單的單針織成，現在通稱為牧羊織法（Shepherds' knitting）。

一些專研紡織歷史的學者相信，編織工藝肇始於模仿蕾絲編織：只是應用更快也更有效率的針法。最早期的編織是用極細的鉤針和棉線，編製成簡陋的窮人版蕾絲——有著相同花樣圖案，只是不夠精美。編織細膩的編織框織法，是後來發明用來模倣在網目底布的線織蕾絲。

編織工藝在十九世紀時，逐漸成為在客廳裡聚會時的消遣活動；而當時仕女們手邊的針線活不外乎是：縫製家用床單寢具或綴飾內衣等等。同時期美洲拓荒者家庭的婦女也開始將編織作品，發展成除了休閒之外，製作輕暖衣物的實用路線。在三十年代的大蕭條時期，歐美婦女利用編織蕾絲衣領、袖口、和多種生活雜物如錢包和手套等，來充實自家衣櫃。或簡或繁、花樣眾多，透過熟練的技巧，符合潮流趨勢的作品一一問市。在四十年代後期，二次世界大戰結束後，編織圖樣的主題又再度回到生活用品的應用，例如保暖的羊皮大衣、桌巾和蕾絲杯墊等等，這時候編織工藝已經進行到娛樂和實用並行了。

六十年代後期，藝術家持續鑽研編織技法，來探究立體雕刻般的效果，特殊的材料和質量不斷地開

線性失序

尺寸不一。純細銀線、標準純銀的絲花鎖針編織、包裹和束緊而成。作者於2004年的作品。

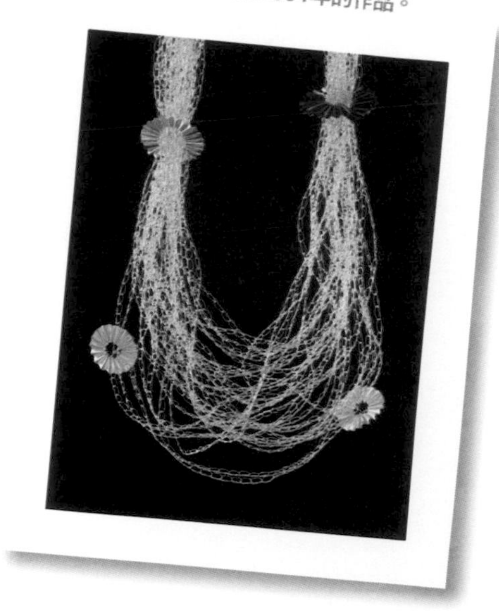

發應用，受歡迎的程度莫此為甚。那股熱潮雖說現今已然退去，但是人們仍然不時藉由這項懷舊的工藝，織出多樣傢飾品或是時尚服飾作為自我理念的紓發。在過去十年裡，編織工藝的應用和技術更上一層樓，發展出一條全新的路線。藝術家和編織達人利用不同種類的金屬絲為素材，設計出令人讚嘆的各種精巧飾品。

因為我能體會要遵照規定，去完成一個標準的編織花樣有多難，本書的示範樣品都以化繁為簡的作法來說明。希望由不同設計師提供的編織作品，能讓各位對金屬絲編織飾品有初步認識與全新感受。在學會基本編織技巧，同時試作幾個基本款式之後，你會發現隨興地編織自己的創意，是如此簡單好玩。觀賞本書當代藝術家的編織珠寶飾物作品，你也能有所啟發，且將激發出更多設計點子。編織金屬絲也編織你的夢想！

愛蓮・費雪
Arline M. Fisch

致謝

本人對本書合作藝術家深表謝忱（列表於書後P188頁），他們大方呈現才華創作，不吝惜分享寶貴時間和經驗。我起初對於徵詢這些作者幫助頗為猶豫，從未期待能有像這樣熱烈的回應。每一位藝術家都非常殷切地伸出援手，為本書一一製作了編織作品（有的提供不只一件），還有詳盡的製作方法說明。在我認知裡：提供自己的作品是比較有意思的，要寫出作法就不算什麼好玩的差事；這遠超出一般創作者工作時會關心的範圍。我要再次感激他們的來稿，為本書提供這些多樣珍貴的作品。非常感恩！

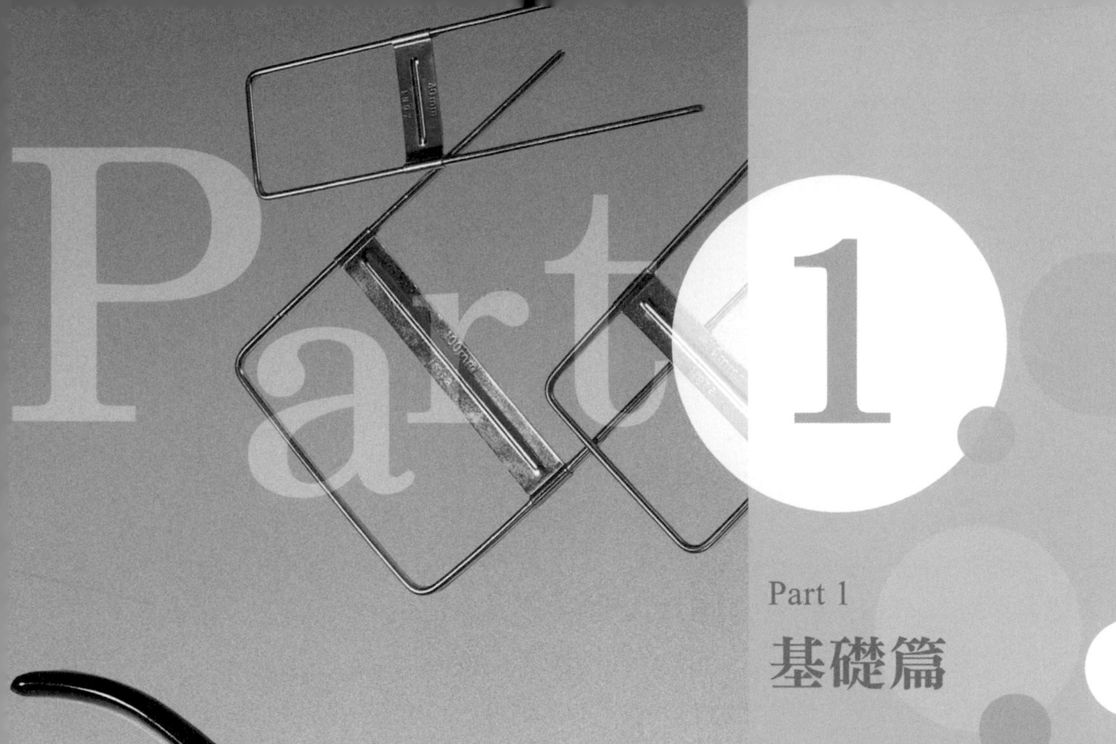

Part 1
基礎篇

金屬絲是單一、可延伸的線形物，大多纏成圓軸筒狀。適用編織的金屬絲材質有銅線、黃銅線、金、銀和軟鐵等等，這些材質的金屬絲有許多尺寸與種類可供編織者選擇。

金屬絲的規格計算單位是線徑（gauge[1]）或是釐米（mm）：在美國，非鐵金屬通用的計量系統是布朗與夏普規格（Browne & Sharpe Gauge）。照此管材標準，線徑規格數字越大的金屬絲，代表實際線徑越細小。而釐米數字代表的是實際測量線徑得來，所以數字越大代表越粗的金屬絲。

金屬絲規格與種類

我個人不建議使用規格尺寸超過24gauge（即0.51mm）粗的金屬絲，那不適合編織飾品。要做出規格號碼小的粗線，建議使用細絲（28～34 gauge；0.336～0.15mm）纏繞而成的多重金屬粗線。如果你的手勁足以控制多餘線段的張力，那麼使用粗線如20gauge（0.81mm）來創作也是好主意。較粗的金屬絲大多應用在製作成鉤環，或是其他配件。

金屬絲本身沒有伸縮性，不過一旦經過巧手編織後，相接的鬆動鉤環組織會讓絲線具有延展性。試圖拆解再重組金屬環不是件容易的事（不是明智之舉），因為鬆開組織後伸縮性就喪失了。只要將金屬絲編成鉤環，基本上密切接連的鉤環網絡是幾乎不可能鬆開的。鉤環是用強力彎曲的金屬絲做成的，所以除非刻意地割斷、或是將環節彎成破壞組織的形狀——金屬絲編織飾物材是堅韌且經久耐用的。本書所使用的金屬絲線都是在最柔軟易折的原始狀態；但正如大家熟知的，跟所有金屬製品一樣，金屬絲

線會經過再加工硬化以便應用於多種用途，所以最好就是用直接從線軸上取下的裸線。

紅銅線

工業用的紅銅線通常是柔軟又具有可塑性，而且有許多細微的尺寸。購買時要注意買小線軸裝的紅銅線，而非一捲捲的線圈。❷

未經表面上漆的裸線，會因為加工或是暴露在空氣中氧化變色；但是編織完成後的成品可以經由加熱或化學藥劑處理，自由地著上想要的顏色。

表面上漆的紅銅線，一般都是加一層耐龍（nylon）或是染成多種顏色的特多龍樹脂（polyester resin）。起初是為了工業或是電子

布朗與夏普規格（Browne & Sharpe Gauges）與公制尺寸（mm）對照表

GA	mm
12gauge	2.05mm
14gauge	1.62mm
16gauge	1.29mm
18gauge	1.01mm
20gauge	0.81mm
22gauge	0.63mm
24gauge	0.51mm
26gauge	0.40mm
28gauge	0.33mm
30gauge	0.25mm
32gauge	0.20mm
34gauge	0.15mm

業的用途較多，現在上漆皮的紅銅線也銷售給金屬絲的創作藝術家，在串珠零售店、工藝用品供應商或是網路商店都買得到。❸

有的彩色金屬絲是鍍銀的，之後再上漆和染色，使材質變得稍微硬一點。鍍銀的金屬絲的確有鮮明緊緻的顏色，不過比起上漆的紅銅線要貴得多，只在工藝用品店以一小軸15碼（13.7公尺）的長度規格販賣。這樣的東西一般只在點綴重點時使用。鍍銀的紅銅線在網路上採購會有比較實惠的價格。

上漆紅銅線線軸有不同數量的包裝，而且每個線軸的長度也不一。通常在工藝用品店貨架上的產品是從20到125碼（約18.2到113.8公尺）之類的長度，主要看規格大小。四分之一磅（114克）的大型線軸，現在網路商店也買得到，但量大的話要在到處都是的過季商場，或是特別和供應商下單才買得到。❹

比較重要的地方是，染色的金屬絲線軸可能會因為染缸不同，有一批批不同的色差問題。此外，長期被陽光曝曬也會讓染過色的金屬絲變色；最好儲存的辦法，還是將這些線軸收藏在陰涼處備用。

黃銅線

黃銅是紅銅和鋅的合金，所以並沒有紅銅線那麼軟，延展性也沒那麼好。要讓黃銅線加工變堅硬也比較快。在串珠店和手工藝品店都能買到小線軸包裝的黃銅線，也可以直接和網路的金屬絲大盤商，或是珠寶藝品供應商訂購大量黃銅線。

銀線

標準純銀和優質銀線都是以度量寶石的金衡制來秤重販賣❺，一金衡盎司是20dwt（便士重=pennyweights），就等於英制一盎司（31.1克）。

也有以一個線軸計價的，規格號碼大部分是24～32gauge（等於

如何清潔銀線編織飾品

該如何避開酸性溶液或是刺激性化學藥劑，來清潔銀飾上的污點？

1. 將一個玻璃碗包上鋁箔，並注滿熱水。
2. 加入兩茶匙小蘇打（15ml），待溶解。
3. 將銀飾浸入溶液中，確保銀飾和鋁箔沒有直接接觸；泡個三十秒到一分鐘，視需要增長時間。
4. 取出銀飾，用溫自來水沖淨即可。

0.51～0.20mm）。採購銀線時最好按英制盎司來下單，畢竟大部分的編織用線量都不小，最好從頭到尾一氣呵成，不要有線材不足的地方。如同前述，購買時要注意買小線軸裝的，而非一大捲的線圈以避免糾結。

純銀是非常柔軟的金屬，在應用前幾乎都經過變硬的程序，要再鍛造過才能使用第二次。標準純銀、紅銅和銀的合金都比優質銀器來得堅實，硬度也高。如果要再度使用，一樣需要高溫鍛鍊過，再浸泡酸性溶劑以確保銀質光澤不失。

金線

金質金屬絲有許多合金產物，以顏色和克拉來區別價值。最純的金子是24k黃金，就算經過變硬的工序，質地還是過於柔軟無法支撐編織的骨架。其他選擇有23k金：溫潤、色澤多變，延展性佳；或是18k金：硬度高，就算使用線徑尺寸細小的線材，也能編出堅實的網絡組織來。白金或綠金就算規格一樣，

綻放

2×5吋（5.1×12.7cm）上漆紅銅線、羊毛和標準純銀串鉤編織而成。安妮．曼德羅（ANNE MONDRO），2002年作品。

都比同級黃金質地堅硬。購買時要注意買規格正確的小線軸裝金線，而且是經過鍛造工序的成品。金與銀一樣都是以度量寶石的金衡制來秤重販賣。

金包銅線通常利用一層黃金薄片（14k）高溫加壓和銅質底線貼合在一起，這種金包銅線當然比金線便宜得多。通常會用14/20這樣的方式來標示成份，以表示金片厚薄是線徑的1/20th，或是整體重量的百分之五。購買時要注意買經過鍛造工序的成品，不過這樣的黃金還是跟標準純銀一樣軟。避免刮傷或是破壞黃金表面也是很重要的，以避免失去光澤。

電鍍黃金是在其他金屬線上鍍上一層黃金薄膜，通常是在編織成品上進行。電鍍黃金的過程非常危險，最好透過專業的電鍍工來完成。

其他金屬

其他可以編織的金屬絲有不鏽鋼絲、軟鐵絲（有時候稱為窯鐵絲）和鈮。後者是一種耐熱金屬，可以透過高溫或是成品電鍍來上色。我們可以直接買現成的幾種顏色金屬絲，不過比較建議的方式還是直接買原色，或是成品上色以避免表面沾污。鋁在編織工藝不是合適的材料，因為易變硬也容易折斷。

編織工具與零件

各式各樣的鉤針是編織最基本的工具，多種尺寸可以符合本書不同案例使用。鉤針的材質也很多樣化，在編織金屬絲時最好使用鋼或是電鍍鋁材的硬質鉤針，避免編織時的磨擦造成鉤針受損。市面上可以買到的鉤針品牌非常多，甚至於有符合人體工學握把的設計。

鉤針最基本的形狀和長度是非常制式的，通常以鉤針柄的直徑來決定鉤針尺寸，而不是末端的彎勾大小。至於彎勾的尺寸視品牌和材質也有多種規格標準，一般以公制尺寸為主，在多樣化的規格旁多會標示公分或釐米等尺寸供參考。

鋼鐵鉤針（Steel Hooks）

美規鋼鐵鉤針的規格編號從最大的00號（3.50mm）到最小的14號（0.75mm）。因為製造的工廠不一，所以編號尺寸並不一致。在大部份情

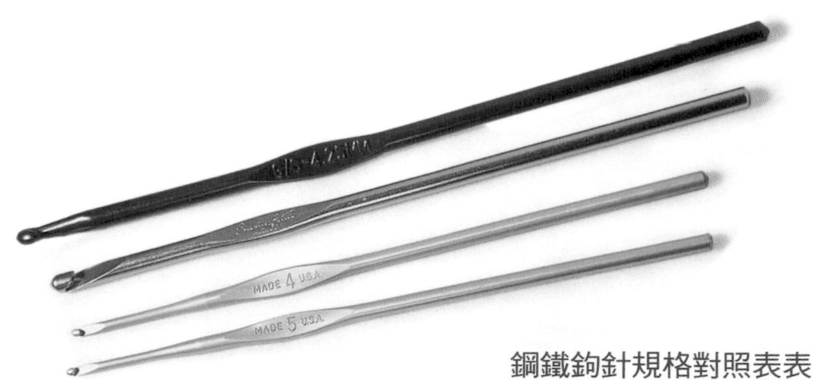

況來說，少許不同並不影響編織工作，只要查公制尺寸就能得知實際大小（並非所有編號都有美制的長度對照表）。

鋼鐵鉤針規格對照表表

美規	公制（mm）
00	3.50
0	3.25
1	2.75
2	2.25
3	2.10
4	2.00
5	1.90
6	1.80
7	1.65
8	1.50
9	1.40
10	1.30
11	1.10
12	1.00
13	0.85
14	0.75

毛線鉤針（Yarn Hooks）

毛線針是鋼鐵鉤針的放大版，通常材質有不鏽鋼、塑膠、木質甚至竹子等。

尺寸大小是由字母編號從最小的 B 號（2.25mm）到 Q 號（15.00mm）。一樣的是編號尺寸會因為製造的工廠而不一樣，所以在採購用具前，仔細查看公制尺寸來確認實際大小。

編織框（Hairpin Lace Frames）

編織框的種類很多，在毛紗線零售店或是網路商店都買得到；最常見的是可調整位置的織框：由兩根鋼鐵和兩片上有多個調整大小孔洞的支架組成，可以調整框架為1到4吋寬（2.5～10.2cm）。另外一個方便的款式是單一尺寸的U形框，一樣是兩根鐵柱配一片可調整的鐵片，可以調整框架從1到3吋寬（2.5～7.6cm）。這類框架很容易製作，只要一根細鐵棒彎成U字形框，再找根暗榫來充當可調整的支架即可。

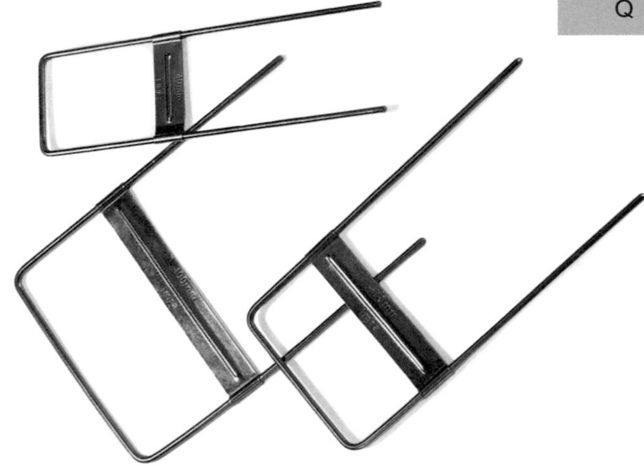

毛線鉤針規格對照表

美規	公制（mm）
B	2.25
C	2.75
D	3.25
E	3.50
F	3.75
G	4.00
H	5.00
I	5.50
J	6.00
K	6.50
N	9.00
P	10.00
Q	15.00

五金工具

1. 長圓嘴鉗（Long round-nose pliers）
2. 平圓嘴鉗（Small round-nose pliers）
3. 尖嘴鉗（Needle-nose pliers）
4. 剪線鉗（Wire cutters）
5. 斜口鉗（Chain nose pliers）
6. 織補針，用來收尾。
7. 小型縫紉用剪刀，可以剪短細金屬絲。
8. 小型尖嘴鉗或斜口鉗。
9. 小型剪線鉗。

飾品零件

飾品零件包括項鍊和手鐲的鉤子、胸針的別針和扣鉤、墜子或勾環，還有各式各樣耳環的穿針或勾子等。特殊尺寸或是設計的小零件可以自己做，或是可以去市面上現成的款式，種類因材質、尺寸和款式有所不同。本書中每個藝術創作者所用的零件，都是可以自行更換的。

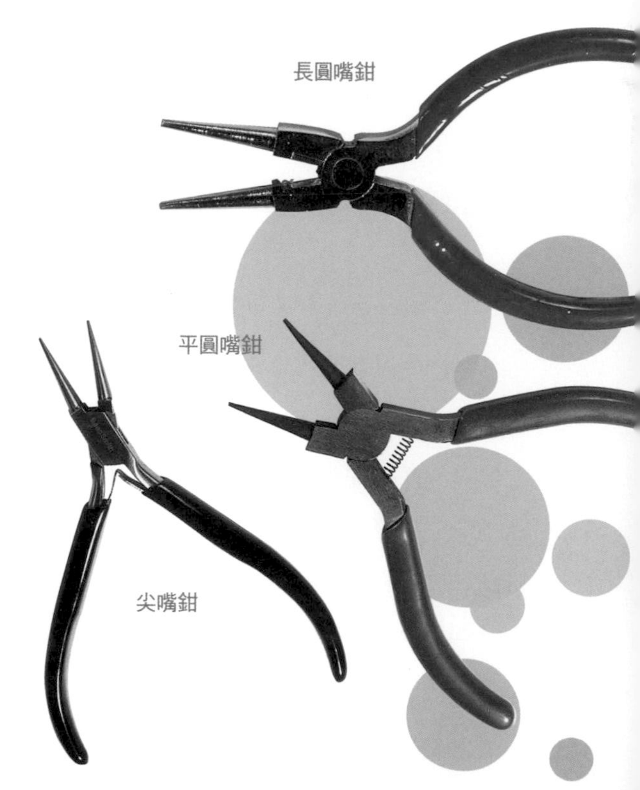

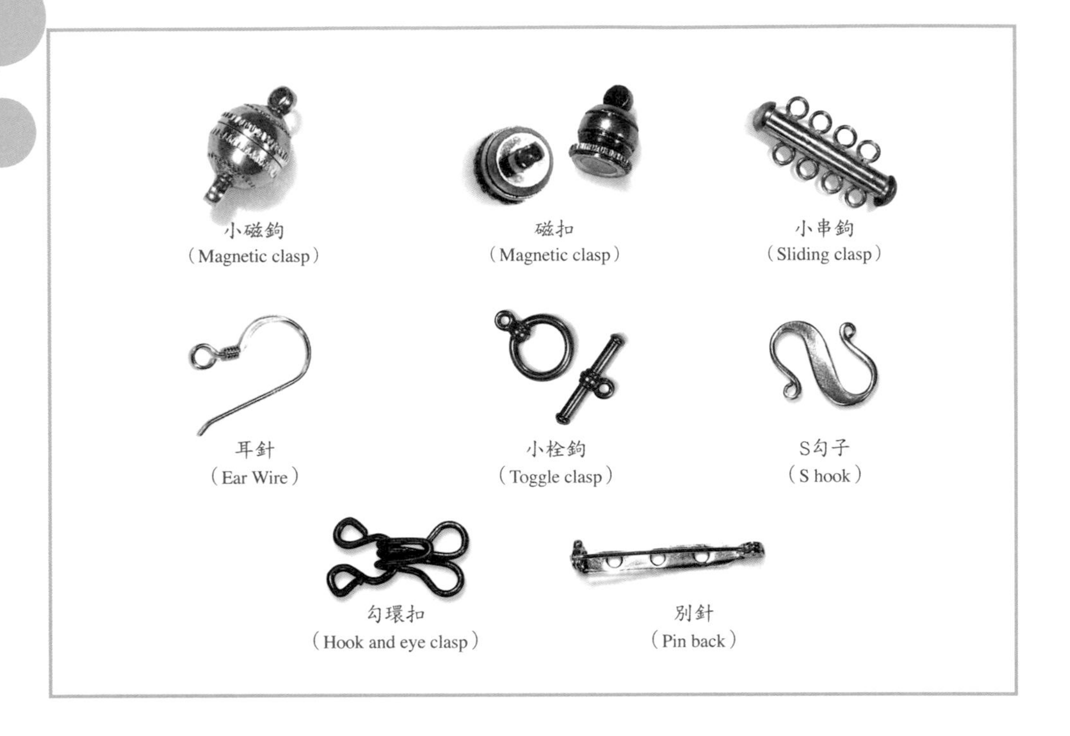

編註

1. gauge 於本書中簡稱為GA。
2. 線圈容易糾纏在一起，不易編織。
3. 以台北為例，台北後火車站（延平北路、重慶北路以及長安西路一帶）有相當多店家可供選擇，目前網路上也有十分多樣化的商品資訊可供查詢或購買。
4. 目前台灣市面上零售的細銅線，常見規格為0.1～0.3㎜，以碼或公尺為單位。20碼平均售價約在25～35元之間。
5. 這裡指的是美國的狀況，台灣則多以兩或公克等重量計算。

編織的基本針法

在開始第一個編織作品或是練習第一個針法之前，我們必須學習如何熟練地運用鉤針，怎麼拿金屬絲線以便編織工作的進行。了解編織的專有術語後，才能更進一步熟悉基本針法。

編織鉤針與絲線的拿法

鉤針的拿法和金屬絲線搭配的手法有很多。最好的方式是右手拿鉤針（如果你碰巧是右撇子）、左手拿編織的作品和金屬絲線。當右手拿著鉤針在金屬絲線上穿進勾出，延伸針目組織時，左手要穩住不晃動。在編織中在中指和大姆指間，將金屬絲線作品牢牢緊握，並且適時用食指來調整金屬絲線張力是非常重要的。有個訣竅是在用食指將絲線拉緊實前，先將金屬絲線在左手繞個幾圈。還有個辦法是直接將金屬絲線在左手食指纏幾圈，不過這必須在食指上先套一個保護的頂針。

對於左撇子讀者而言，書後有教更多鉤針的拿法和絲線搭配的編織手法。有些人喜歡徒手穿進勾環再重複繞幾次，而不是拿鉤針按針法編織。最好是多嘗試幾種方式，才會找出最適合自己、方便又有效率的編織方法。

當開始編織金屬絲線時，有效的控制金屬張力以維持平整的針目是基本要求。就習慣編織紗線的人來說，去調適金屬絲線的物性是最為困難的部分；不過要能舒服安心地在之中找到平衡點，才能做出完美的創作來。每個編織者都有個人一套獨一無二的方法，基本上，都是要讓金屬絲線自由地任鉤針編組，針目尺寸穩定清楚，方便鉤針進出。不要把每一針都拉

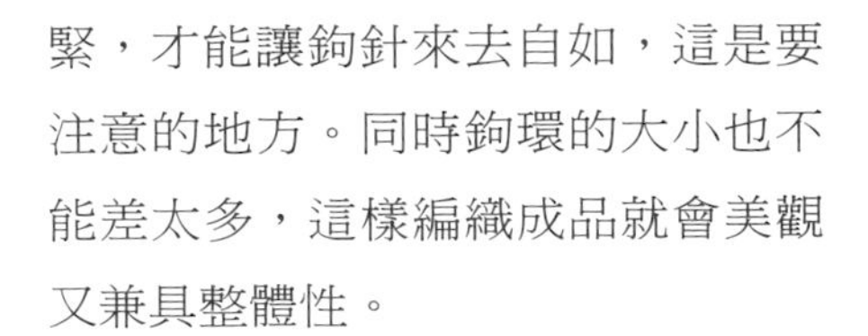

緊，才能讓鉤針來去自如，這是要注意的地方。同時鉤環的大小也不能差太多，這樣編織成品就會美觀又兼具整體性。

掛線引拔

編織的基本原理就是將金屬絲線繞在鉤針上，透過穿出鉤環的動作造成連續性組織。而帶線穿出鉤環的動作就稱之為掛線引拔。這適用於所有針法，想嘗試掛線很簡單：用鉤針從一根金屬絲線底下穿過，鉤線後直接拔拉起，就是掛線的意思。

起針滑結

附在金屬絲線上的滑結，方便鉤針起針。

1. 照示範作品案例的起始處，先用金屬絲彎個圈。
2. 鉤針如圖一穿進圈中，兩指緊按讓鉤針拉出一個新的圈。
3. 鉤針輕拉新圈環，拉緊即成一個起針的滑結。

碰觸

12×12×4吋（30.5×30.5×10.2cm）純細銀線、標準純銀絲和上漆銅線編織而成。瓊安杜拉（JOAN DULLA），2003年作品。

作品正反面

編織飾品的正面，就是飾物成品在配戴時會朝外的那一面。換句話說，就是會被看到的一面。而飾物背面就是隱藏起來不被看到的那一面。通常是三D立體針法的平坦背面，或是任何針法的背面，平坦和身體相對的一面。

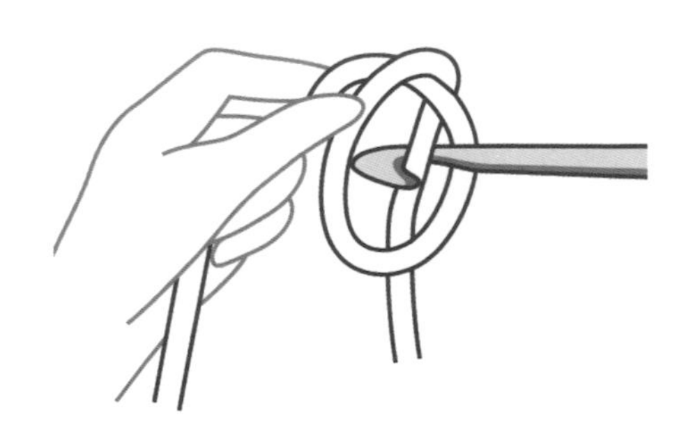

起針滑結

鉤針套收法

在編織作品完工後，要將金屬絲線鉤環收緊，確保日後穿戴飾物不鬆脫。

1. 將金屬絲裁斷，按示範作品案例說明留下一定長度。
2. 細心地將剩餘長度的金屬絲線，套進編織作品的最後一個環結。
3. 慢慢地拉緊到不鬆動的程度。

重複針法與步驟

編織工作中你需要經常地重複針法，在同一排上或是繼續下一排的編織。有時候製作說明會告知那些針法需要重複，有時候說明會直接指定從「＊」號開始重複針法，然後直到這一段結束或是重複的針數。

銀毛領圍

領圍，$4^{3}/_{4}$ 吋（12.1cm），標準純銀線、18K金線編織而成。

英格．碧麗斯．凱佛曼（INGER BLIX KVAMMEN），2002年作品。

六大入門針法

所有的編織作品幾乎都來自幾種基本針法的組成，這些針法因為高度不同能讓你發揮創意，組合成鬆緊不一的花樣和圖案。而針法會因為左右手的使用習慣有些微不同。

接下來的章節，是基本針法的教學篇。我會建議幾種金屬絲線和鉤針做為練習工具。在每個示範作品開始之前，試驗地用同樣規格的金屬絲線，做幾個針法樣本不失為明智之舉。

一、鎖針（**chain stitch**）

鎖針是所有編織針法的起始，當製作說明寫到做個連續鉤環、或是連續鎖編多少次數，指的都是鎖針針法。當說明要求十五鎖，就是指連續作十五次鎖針。

建議練習用金屬絲和鉤針

使用28GA（0.33mm）線徑的金屬絲線和 2mm（美規4號）鋼鐵鉤針。

試作步驟

1. 先起針做個滑結，尾端預留3到4吋（7.6到 10.2 cm）。
2. 將鉤針穿進滑結圈，金屬絲線纏繞在鉤針上。
3. 把鉤針帶頂端勾著的金屬絲線穿出來，如圖一。
4. 如圖二，重複先前步驟。將新線圈再套出線來，並將鉤針靠左鉤，避免鉤到做好的線圈。
5. 如圖三，不斷重複穿進、掛線、穿出新線圈步驟，完成連續鎖針。

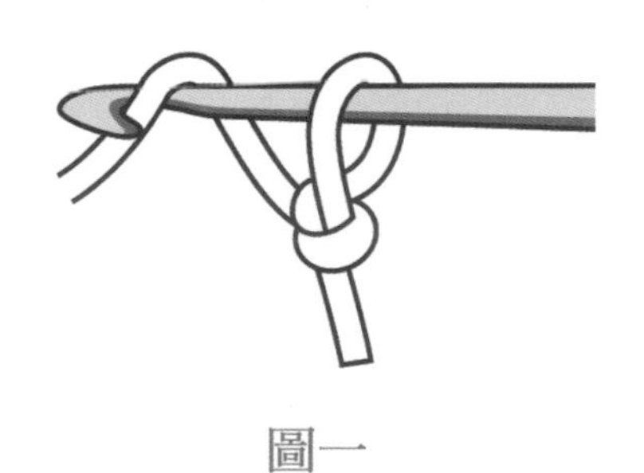

圖一

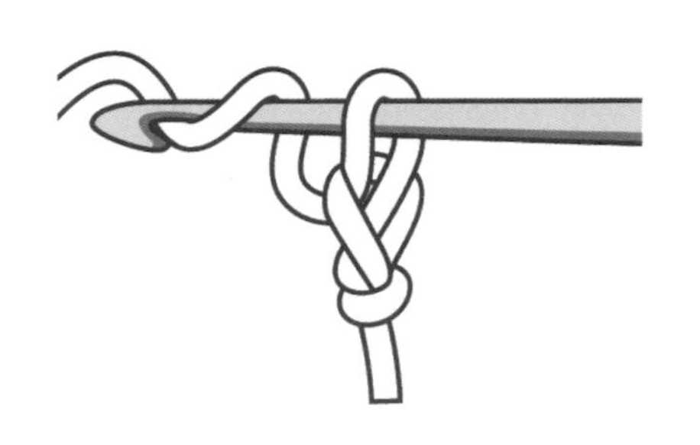

圖二

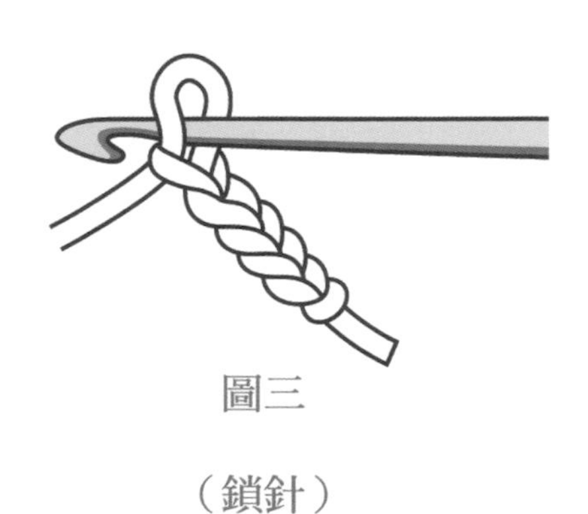

圖三

（鎖針）

連續線 1 與 2

上方作品：$2\frac{1}{4}\times1\frac{1}{2}\times2\frac{1}{4}$吋（5.7×3.8×5.7cm）；下方作品：$2\frac{1}{4}\times2\frac{1}{4}\times2\frac{1}{4}$ 吋（5.7×5.7×5.7cm）。黃銅線、不鏽鋼粗線、木頭形、日式墨水編織上色而成。
尤金・克佛・貝爾（EUGENIE KEEFER BELL），2000年作品。

無題

高度 $31\frac{1}{2}$ 吋（80cm），每朵花的尺寸$2\frac{1}{4}$×$1\frac{1}{2}$吋（5.7×3.8 cm），鐵線編織而成。
安娜葛萊特．舒密得（ANNEGRET SCHMID），1996年作品。

TIPS

- 每個相繼的圈環都該是可以輕易地自前一個退出，否則就是金屬絲線的張力太緊，要適當放鬆一下。把手指近按一些，更容易控制張力大小。
- 圈環的尺寸大小是由鉤針柄決定的，掛線的鬆緊度要讓圈環可以在針柄滑動，不是固定在鉤針的末端勾子上。
- 鎖針連續鉤到一定長度容易扭曲，編到新的一段落用手指緊壓使之直立；你可以稍拉緊整條金屬絲線成品使變直，但線圈扭曲旋轉還是避免不了。這也是金屬絲線的特殊物性，在線端加上串珠、玻璃珠或是寶石類可藉重力使歪扭程度降低。

二、雙重鎖針（double chain stitch）

雙重鎖針一般用在製造較寬或是較堅實的基部組織，特別是在鉤底部時用。

建議練習用金屬絲和鉤針

使用28GA（0.33mm）線徑的金屬絲線；和2mm（美規4號）鋼鐵鉤針。

試作步驟

1. 先起針做個滑結，尾端預留3到4吋（7.6到 10.2 cm）。
2. 參考前項，連續做兩針鎖針。
3. 穿到第一個鎖針裡。
4. 掛線，將新線圈再套出線來，用鉤針再做一個鉤環。
5. 掛線，穿進新線圈再用鉤針套住兩個鉤環。
6. 兩個鉤環滑掉，照樣滑穿進左邊的鉤環。
7. 掛線，透過兩個鉤環將新線拉出。
8. 不斷重複穿進、掛線、穿出新線圈的步驟，完成雙重鎖針到一定長度。

雙層幾何圖形墜飾

$2^1/_8$×$3^1/_2$×3/8吋（5.4×8.9×1cm），上金漆線、標準純銀絲和淡水珍珠編織而成。
蘇珊娜．路德維斯卡（ZUZANA RUDAVSKA），2001年作品。

圖一（滑針）

花環

$8^{3}/_{4}$×$5^{1}/_{2}$ ×$1^{1}/_{2}$ 吋（22.2×13.4×3.8cm），由上漆紅銅線編織而成。

里歐·什莫爾（LIO SERMOL），2003年作品。

三、滑針（slip stitch）

滑針針法簡單易作，是用來接合、成形和編排開放組織常用針法。

建議練習用金屬絲和鉤針

使用28GA（0.33mm）線徑的金屬絲線和2mm（美規4號）鋼鐵鉤針。

試作步驟

1. 先編好一定長度鎖針的底部組織。
2. 鉤針穿到第二個鎖針鉤環裡（或按作法說明要求的針法做成的鉤環）。
3. 掛線，一次穿過鎖針和原本的鉤環兩個鉤環退出。
4. 如圖一，鉤針穿到第二個鉤環裡，重複步驟 3 好延伸組織。每次編一新排都要藉跳過立針（不算一針）的滑針來開始。

四、短針（single crochet）

短針可以用在平行排上，或是圓形或螺旋形的組織，可以做成圓盤、球體或圓管組織。短針組織是平坦帶紋路的，也可以用來接合或是作底邊。

建議練習用金屬絲和鉤針

使用28GA（0.33mm）線徑的金屬絲線和 2 mm（美規4號）鋼鐵鉤針。

試作步驟

1. 先編好一定長度鎖針的底部組織。
2. 鉤針穿到第二個鎖針背面鉤環裡，如圖一。
3. 將鉤針偏左鉤線，如圖二。
4. 透過鎖針針目掛線引拔，在鉤針上穿有兩個鉤環，如圖三。
5. 再鉤住一條金屬絲，如圖四。
6. 一次拉過兩個針目，完成一個短針，如圖五。

（短針）

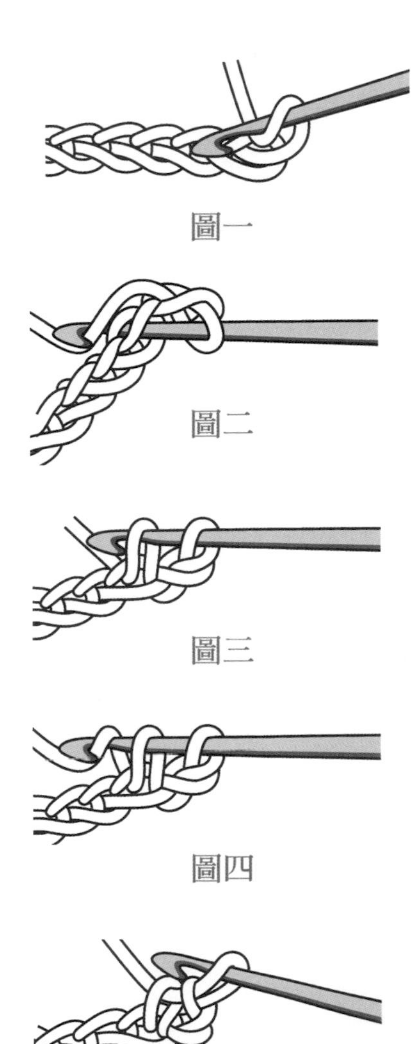

圖一

圖二

圖三

圖四

圖五

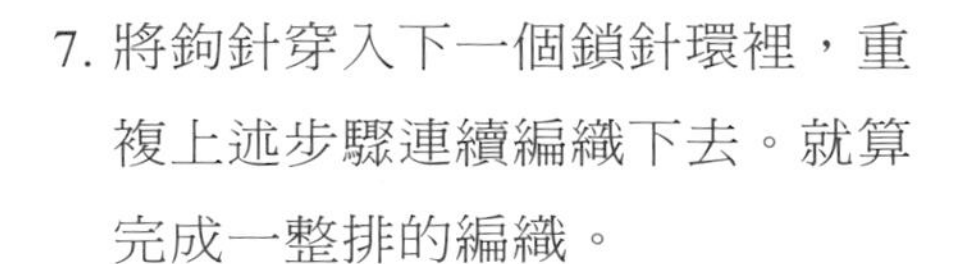

7. 將鉤針穿入下一個鎖針環裡，重複上述步驟連續編織下去。就算完成一整排的編織。

迴旋

18吋（45.7cm長），由純細銀線、上漆紅銅線編織而成。凱蒂．后莉（KANDY HAWLEY），1990年作品。

TIPS

- 在一個底部組織上進行編織是沒辦法俐落的，每一針進行都要謹慎：在中指和大姆指間，牢握金屬絲線成品，並且適時用食指來調整金屬絲線張力和鉤環大小。
- 在完成一排短針編織要進行下一排時，加一針鎖針，在此稱為立針。如此才能讓短針的第二排編織得以繼續。
- 用短針編織弧線，形成一個圓形；在完成的鎖針的底部第一個針目加一個隱針，之後在弧線第一針加一鎖針。然後每一次弧線都是以一個鎖針開始。
- 除非有特定方向，否則每次都是跳過立針，從先前一排的鎖針針目穿入拉出新線，再進行下一步。

五、長針（Double Crochet）

長針的高度較高，比起短針可以形成的組織範圍要來得更大，更開闊。一個長針完成看似有兩排，其實只是一個針步造成的。

建議練習用金屬絲和鉤針

使用28GA（0.33mm）線徑的金屬絲線和2mm（美規4號）鋼鐵鉤針。

試作步驟

1. 先編好一定長度鎖針的底部組織。
2. 如圖一，先掛線。
3. 再第四個鎖針的背面針目穿進鉤針，如圖二。
4. 掛線引拔，做出第三個針目，如圖三。
5. 掛線並拔出鉤針的前兩個針目，如圖四。
6. 再鉤住線如圖五，一次全部拉出來，算是完成一個長針，如圖六。

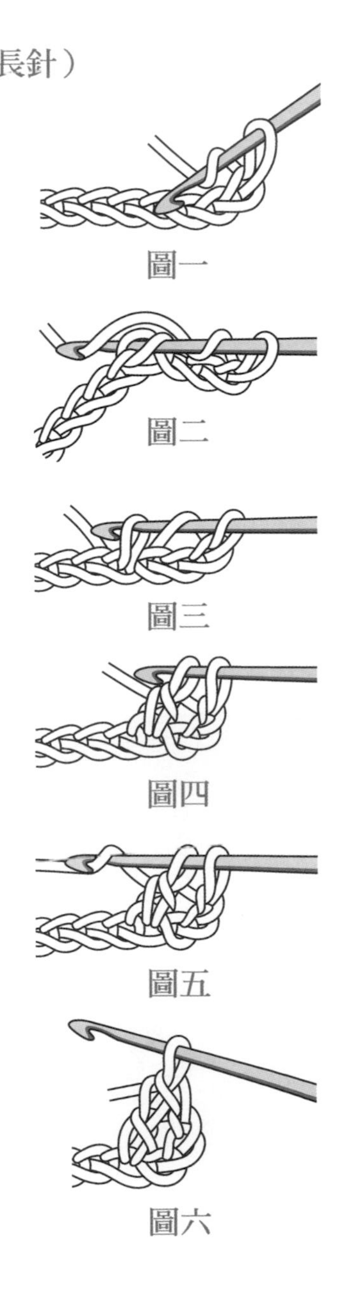

圖一
圖二
圖三
圖四
圖五
圖六

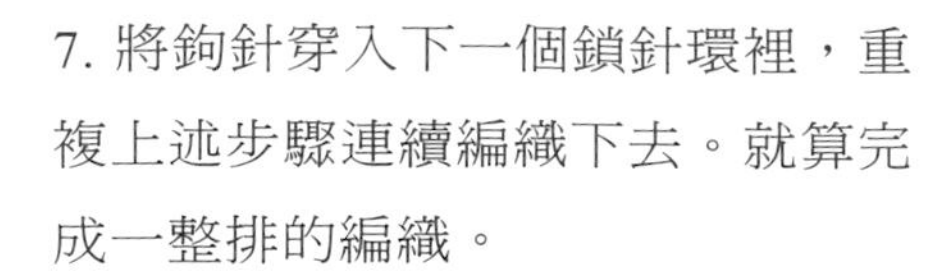

7. 將鉤針穿入下一個鎖針環裡，重複上述步驟連續編織下去。就算完成一整排的編織。

TIPS

- 在長針要織向第二排時，先鉤好三個鎖針：鉤針要鉤線拉出，再鉤一次，並穿過兩環退出。
- 每次都先鉤三個鎖針，這相當於幫助長針進行下一排的立針。這邊很容易因為邊緣縮減，不好繼續鉤而出錯。每個新排開始也要預作三個鎖針，才繼續重複步驟鉤長針。

珠串

鍊長20吋 (50.8cm)，環長$8^1/_2$ 吋 (21.6cm)，由純細銀線、標準純銀絲、淡水珍珠、18K金絲等組裝而成。安娜塔西亞．派西思（ANASTACIA PESCE），2001年作品。

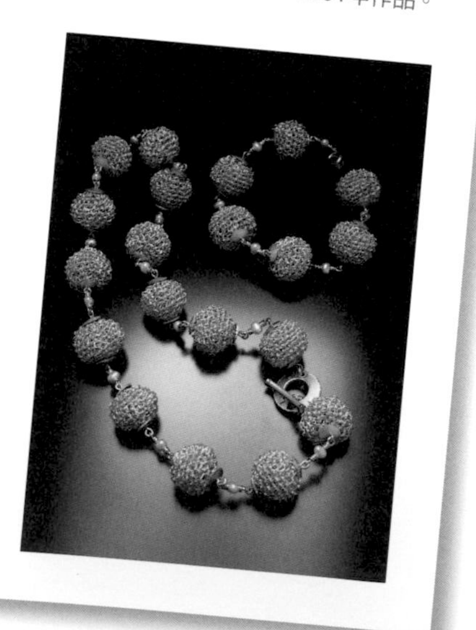

六、中長針（**Half double crochet**）

中長針等於是長針的縮短版，中長針的立針為兩個鎖針代表一個針法完成，形成的編織面積介於短針與長針之間。使用的頻率不如短針和長針，不過對於轉換編織圖形的過渡期，中常針倒是挺好用的。

建議練習用金屬絲和鉤針

使用28GA（0.33mm）線徑的金屬絲線和2mm（美規4號）鋼鐵鉤針。

試作步驟

1. 先編好一定長度鎖針的底部組織。
2. 如圖一的掛線動作。
3. 將鉤針穿入第三個鎖針針目裡。
4. 透過鎖針針目掛線引拔，在鉤針上穿過三個針眼，如圖二。
5. 一次拉過三個針目，就算完成一個長短針，如圖三。
6. 重複以上步驟，完成連續長短針，並完成一整排的編織。

（中長針）

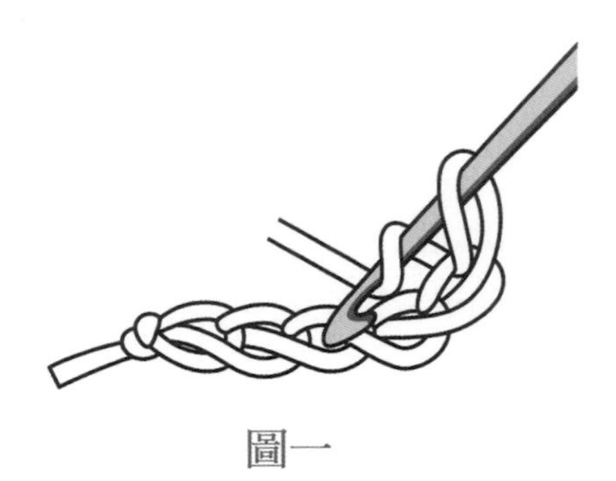

圖一

圖二

圖三

成排編織

編織大部份就是勾與穿動作的一來一往，通常是在一排排針目上進行。在每一排的末端，在換一排繼續織之前，通常是一鎖針或是多幾個鎖針。特定的步驟在每個作品的製作說明，都有詳盡的解說。

透過你將鉤針穿進所編排的針目裡，你編織的一針針排列成行，都會改變成品的形狀外觀。將鉤針穿進前一排的兩處針眼，是編織的標準步驟；除非說明另有指示，你就只有這樣作。

單鉤裡線的針法可以讓成品較挺，一般是用在背包底部、帽子邊緣或是衣服下擺。單鉤每一針表線是可以讓成品正面展現些微變化。

環狀及圓形編織

編織可以編成圓形，也就是環繞著圓圈編織。所謂繞著圓形編織，有兩個方式：一是每個圓圈都是以先前編好的一段，在起針處鉤出一鎖針為立針，和尾巴相接而成；要不就是用隱針將之前一段頭

TIPS

- 在中長針要織向第二排時，預先鉤好兩個鎖針。
- 鉤針可以一次穿過兩個針目，或是只穿入前一針的背後針目，一整排的針法都要一致。這個原則適用於所有的編織針法。

蕾絲網

8×19吋（4.4×5.1×35.6cm），由純細銀線、上漆紅銅線、標準純銀絲編織而成。愛蓮．費雪（ARLINE M. FISCH），2001年作品。

（環狀及圓形編織）

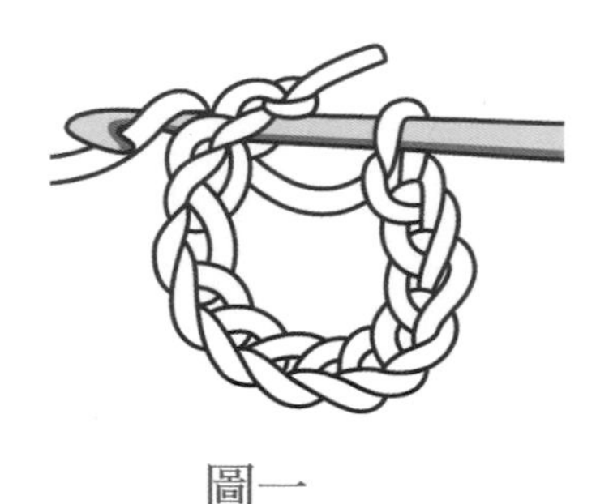

圖一

圖二

圖三

尾相連，也是編成圓形的織法之一。每個作品的製作說明都有一步步織就的編織圓形作法。

所謂編織圓形的圓中心起針法，如同圖一、二所示：先編一段約六個鎖針長，或是先在手指上繞個兩圈金屬絲、或是繞在鉤針柄上——形成一個小圓圈。

要靠連接圓圈來編織圓形圖案，首先按照圖形的製作說明先起針織一段鎖針，然後在每一段的末端，以一個隱針和先前那段彎成圓形頭尾聯結。如圖三示範的是一個圓圈起始的幾針，是預做三個鎖針的長針動作。

要繞著圓形編織只要將一個個圓圈完成後，接著繼續編下去就可以了。在每一圈的起始和收尾不必再織鎖針或隱針。

圓盤、半球體或是任何圓形編織，都是以編織一段鎖針來形成一個圓圈開始：第一排的每個鎖針針目，通常涵蓋許多不同針法的連接，或是和金屬絲圓圈中心連接，來擴大面積。而第二、三排的針數

無題（下圖）

$21\frac{3}{4}$×$21\frac{3}{4}$ 吋（55.2×55.2 cm），由上漆紅銅線和串珠編織而成。寶妮．梅爾姿兒（BONNIE MELTZER），2004年作品。

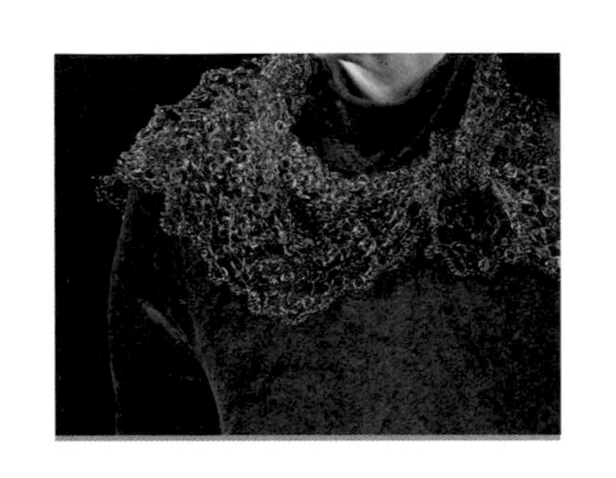

就更增加了，通常是比之前一排多加兩針。隨之接下的排數也都會每次增加幾針，只是視結果需求而定——或許增加幅度不大。平圓盤的針數就會規律地增加，來保持扁平狀，但半球體的圖形就沒有這個需求。

梨（左圖）

10×6×6吋（25.4×15.2×15.2cm），由紅、黃銅線編織而成。
瓊安．杜拉（JOAN DULLA），2004年作品。

用左手編織的二種針法（left-handed crochet）

比起上述方式，左針對於拿鉤針和編織的方法都有所調整。只要這個針法熟練，慣用左手的編織者也可以輕易地照著說明來編織了。

一、左鎖針（Left-hand chain stitch）

建議練習用金屬絲和鉤針

使用28GA（0.33mm）線徑的金屬絲線和 2 mm（美規 4 號）鋼鐵鉤針。

試作步驟

1. 左手拿鉤針，右手拿成品和聯結的備用金屬絲。當左手進行編織作業，右手要穩住，將成品拿的牢固。
2. 先起針做個滑結，尾端預留3到4 吋（7.6 到 10.2 cm）。
3. 將鉤針穿進滑結圈，金屬絲線纏繞在鉤針上。

伊麗莎白領飾

12×12×2½ 吋（30.5×30.5×6.4 cm），由上漆紅銅線編織而成。

潔絲．曼德斯（JESSE MATHES），2002年作品。

4. 把鉤針帶頂端勾著的金屬絲線穿出來。
5. 如圖一，重複先前步驟。將新線圈再套出線來做新圈，並將鉤針靠右邊鉤，避免鉤到作好的線圈。
6. 重複穿進、掛線、穿出新線圈的步驟，完成連續鎖針。

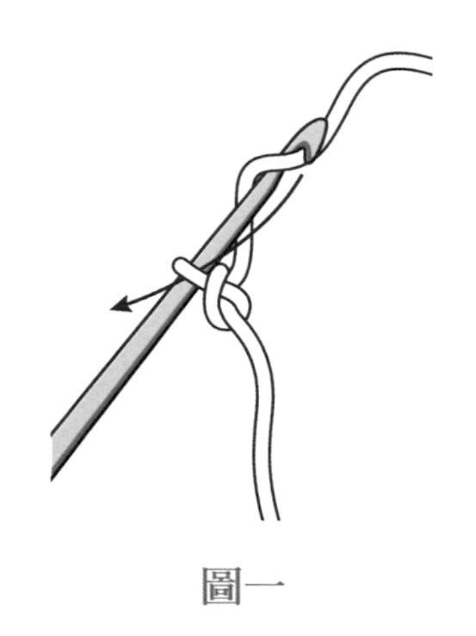

圖一

二、左短針（Left-hand single crochet）

建議練習用金屬絲和鉤針

使用28GA（0.33mm）線徑的金屬絲線和 2mm（美規4號）鋼鐵鉤針。

試作步驟

1. 先編好一定長度鎖針的底部組織。
2. 鉤針穿到第二個鎖針背面鉤環裡，如圖二。

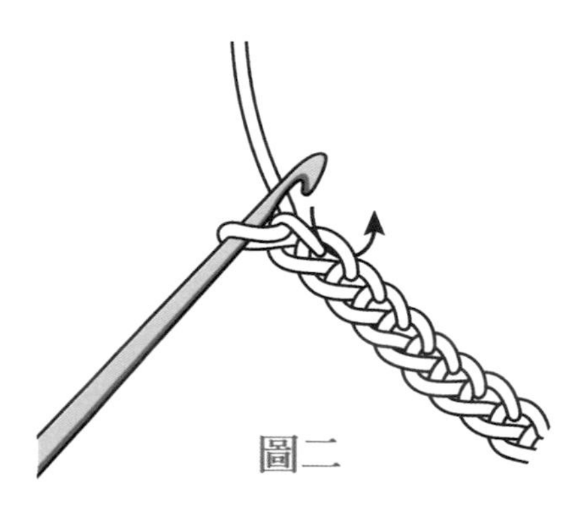

圖二

3. 將鉤針偏向右邊鉤線，如圖三。
4. 透過鎖針針目掛線引拔，在鉤針上留有兩個鉤環，如圖四。
5. 再鉤住一條金屬絲，一次拉過兩

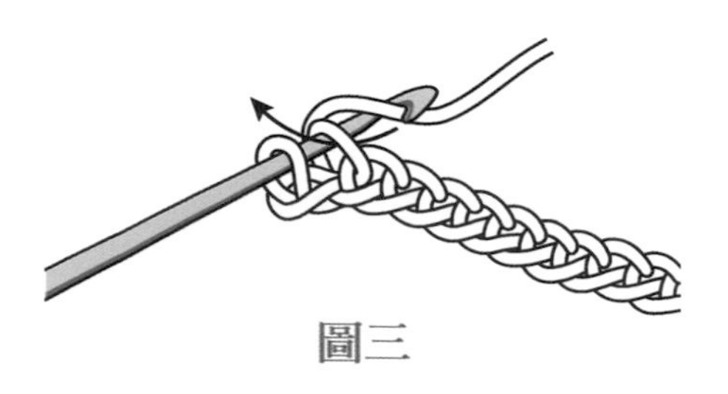

圖三

七珠

3×12吋（7.6×30.5cm）純細銀線、標準純銀絲、上漆紅銅線編織而成。
愛蓮·費雪（ARLINE M. FISCH），2003年作品。

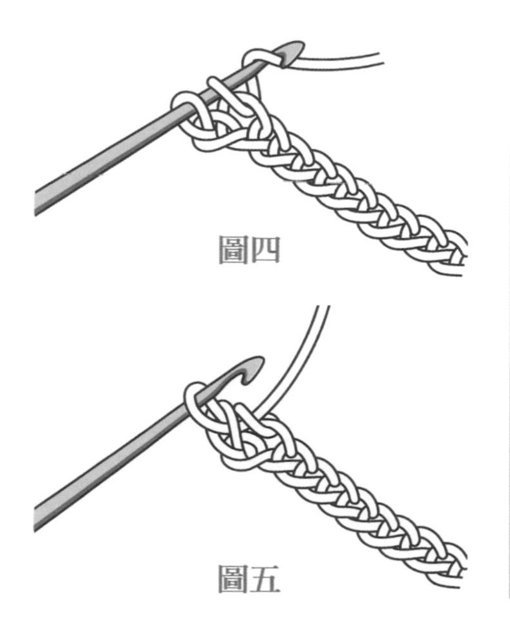

圖四

圖五

個針目，等於完成一個左短針，如圖五。

6. 將鉤針穿入下一個鎖針環裡，重複上述步驟連續編織下去。就算完成一整排的編織。

TIPS

在所有的左針法中，都是將鉤針穿過右邊針目，並非像編織入門章節中講的要偏左邊。

編織框

編織框的種類很多，很適合進行金屬絲編織飾物。是由單一尺寸的U形框，加上兩根鐵柱，配底部一片可調整的鐵片組成。金屬絲通常是纏繞在兩根平行的鐵柱上，再用短針在這其間進行編織。中間的編織面積大小是看鉤針的規格粗細，但是編織環節的長度要由鐵框的寬度來決定。只能編出簡單與開放結構的短針，可以單獨運用或是透過不同方式的組合，來編織出更大的組織面積。

建議練習用金屬絲和鉤針

使用28GA（0.33mm）線徑的金屬絲線；和3.5mm（美規00號）鋼鐵鉤針，搭配 1 吋（2.5cm）寬的編織框。

試作步驟

1. 把金屬絲纏在框架上，在中央打成有兩個鉤環的圈結，如圖一，尾端預留6～8吋（15.2到20.3cm）。
2. 將尾端預留的金屬絲綁在框架上做固定，如圖二。
3. 將線軸暫時繞在框架右邊，鉤針穿入右邊的圈結，如圖三。掛線引拔，如圖四。然後如圖五，透過鉤針上的鉤環作個鎖針。
4. 將鉤針和編織框右轉一圈，如同圖六，在右邊鐵柱上也做個圈結。
5. 如圖七，將鉤針穿進所有左邊的圈結，鉤住一條金屬絲，再作一個新鉤環。掛線引拔，一次穿過所有鉤環，完成一個短針。
6. 重複上述的步驟4和5，永遠同一方向的轉動框架，也一直是將鉤針穿進所有左邊的圈結。照此法繼續編織下去。

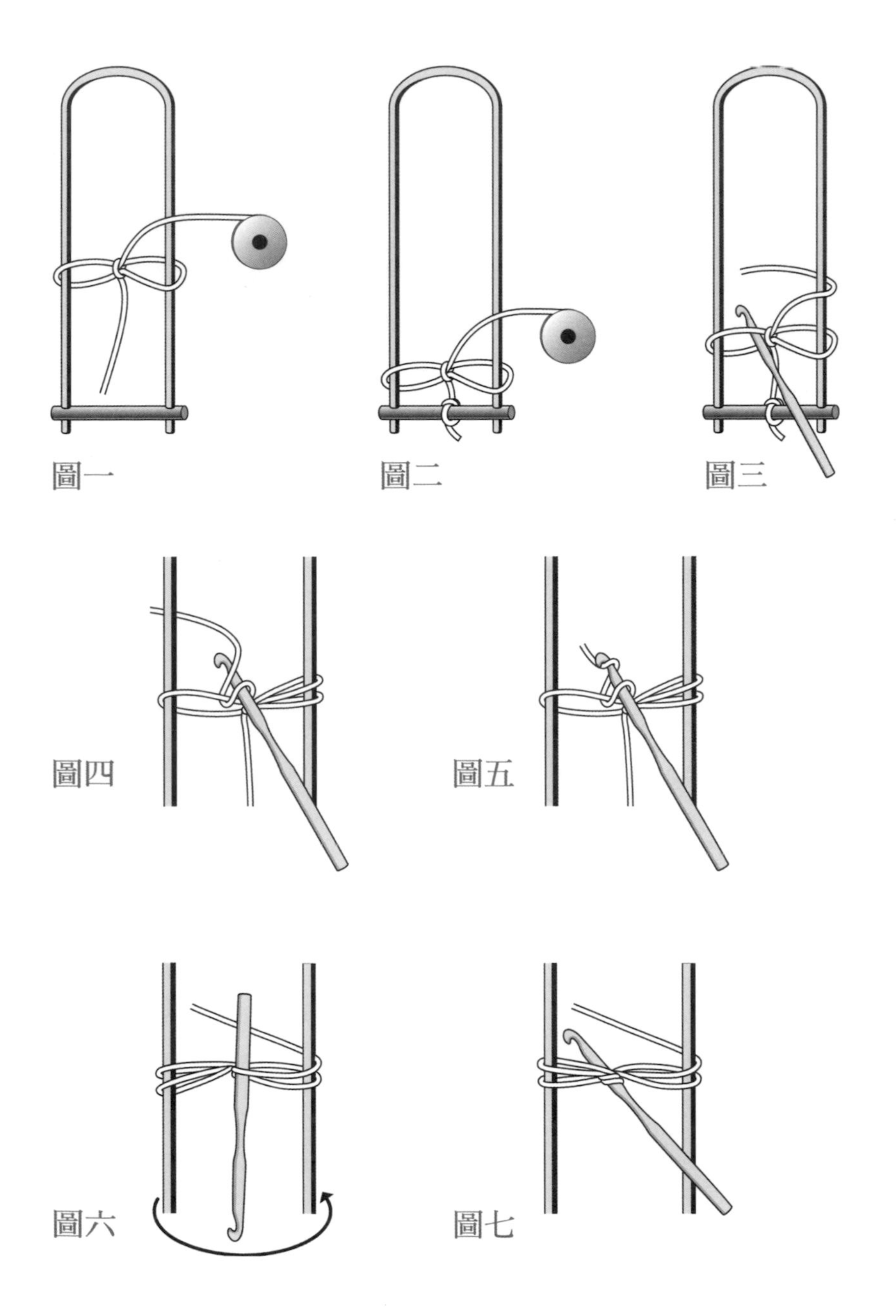
圖一
圖二
圖三
圖四
圖五
圖六
圖七

水晶手環

$5^1/_2$×3×3吋（13.4×7.6×7.6cm），由銅線和半寶石編織而成。
蘇珊娜·路德維斯卡（ZUZANA RUDAVSKA），2002年作品。

TIPS

- 在編織長一點的飾物時，編滿後自套環將框架滑出，調整過後重新插入框，繼續編織工作。
- 結束編織框作品時，剪斷金屬絲——尾端預留6到8吋（15.2到20.3 cm），將剩餘的金屬絲線套進作品的最後一個環結，拉緊後結束。
- 注意事項：不要拉扯或伸長編織框成品，鉤環可能因此受損。編織框作品在一定長度後，需要更多支撐點：可以另外多鉤幾針新環作底部，或是聯結其他的編織帶。
- 編織框作品的規模，可以經由不斷添加新的金屬絲素材而擴大。金屬絲的規格號碼可以決定鉤針與框架大小。對於金屬絲、鉤針和編織框的配搭選擇，需顧及成品的呈現效果，因此要多用心思考。

點綴串珠

所有基礎的編織作品都可以加入串珠來點綴。需要先把串珠用金屬絲穿好，趁每一針要完成時，將串珠穿進來使之在針與針之間固定。正常情況下，串珠放在織品背面比較不易晃動，所以成品後記得再將串珠移轉到正面來。

鎖針串珠

建議練習用金屬絲和鉤針

使用28GA（0.33mm）線徑的金屬絲線；和2mm（美規4號）鋼鐵鉤針。還有任何可以穿進金屬絲的串珠都很適合練習。

試作步驟

1. 先以鎖針起針。
2. 在鉤針穿進串珠後，繼續鉤下一針。照作品製作說明，每間隔幾針加入串珠。

薇諾娜

17×½吋（43.2×1.3cm），由黃銅線、上漆紅銅線編織而成。

蒂娜·芳·侯德（TINA FUNG HOLDER），2000年作品。

短針串珠

建議練習用金屬絲和鉤針

使用28GA（0.33mm）線徑的金屬絲線和2mm（美規4號）鋼鐵鉤針。還有任何可以穿進金屬絲的串珠都很適合練習。

試作步驟

1. 在繼續鉤下一針前，需將鉤針穿進串珠。
2. 將編入的串珠保留在編織背面組織，透過鎖針針眼掛線引拔，一次拉過兩個針眼，完成一個短針。

增長

是指增加幾針來使編織作品面積變寬。要增長的話，只要比照作品製作說明，每一針後多加一到兩針就可以了。

縮編

是指減少幾針讓作品縮小。作法有很多，依照每個作品製作說明有所不同。

無題

$1\frac{1}{2} \times \frac{7}{16} \times 3\frac{1}{4}$ 吋（3.8×1.×8.3cm），由純細銀絲、串珠線、氧化處理銀扣、珊瑚串珠編織而成。漢恩．貝瑞思（HANNE BEHRENS），2002年作品。

最簡單的方式就是少作幾針，譬如跳過一針，再用鉤針做個短針——這方法在每一排起始或是編到一半都常用到。這個方法在編中央時作，會有漏針的感覺。要不漏針，用這個兩針一起編的方式：透過每針後兩針的針目，掛線引拔。一次穿過鉤針上的三個鉤環，就等於少了一針。

杜蘭朵

15×15×1吋（38.1×38.1×2.5cm），由上漆紅銅線、玻璃串珠編織而成。凱薩琳·哈芮絲（KATHRYN HARRIS），1997年作品。

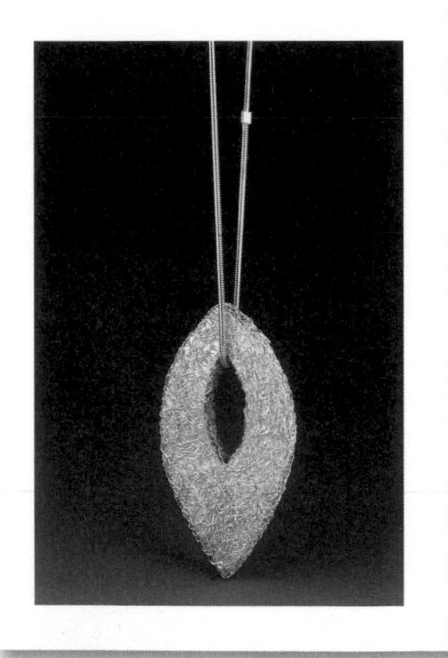

珠

$2^1/_4 \times 1^1/_4 \times ^1/_2$ 吋（5.7×3.2×1.3cm），由純細銀線、標準純銀絲框、標準純銀絲串珠編織而成。尤金·克佛·貝爾（EUGENIE KEEFER BELL），2000年作品。

Part 2

Part 2
作品篇

01 紫霧幻夢項鍊

這款優雅大方的作品，
是由十六段長短不一的鎖針製成。
在鎖針陸續完成後，
末端是縫在標準純銀的鉤鎖來固定的。

工具

●5mm（美規H號）紗線鉤針　●剪線鉗

●小號焊槍　●可耐高溫的焊接表面

材料

●26GA（0.4mm）純銀線，$1\frac{1}{2}$盎司（46.7g）

●26GA（0.4mm）紫色紅銅線30碼　●28GA（0.33mm）紫色紅銅線40碼

●28GA（0.33mm）紅梅色紅銅線40碼　●標準純銀的五鉤鉤鎖

製作步驟

1. 將純銀線和紫色紅銅線（0.4mm）合成一股，用鎖針編織四段線圈：分別為15吋、16吋、16.5吋、24吋。
2. 將純銀線和紫色紅銅線（0.33mm）合成一股，用鎖針編織四段線圈：分別為17吋（43.2cm）、18吋（45.7cm）、22吋（55.9cm）、27吋（68.6cm）。

尺寸：8～11 吋（20.3～27.9cm）

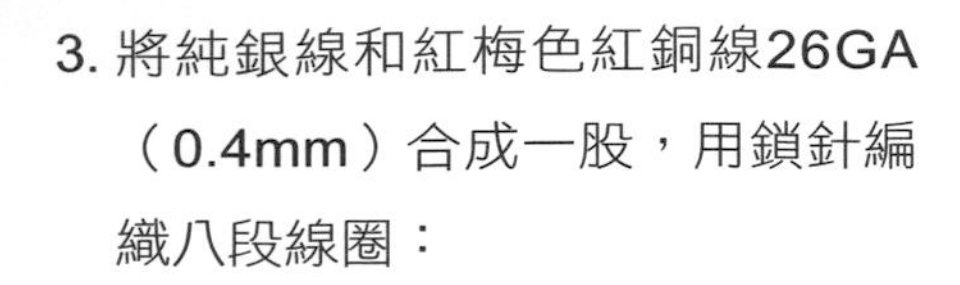

3. 將純銀線和紅梅色紅銅線26GA（0.4mm）合成一股，用鎖針編織八段線圈：

   15.5吋（39.4cm）×1

   20吋（50.8cm）×1

   21吋（53.3cm）×1

   23吋（58.4cm）×1

   25吋（63.5cm）×1

   29吋（73.7cm）×2

   30吋（76.2cm）×2

4. 完工組合：使用尾端預留6吋（15.2 cm）長的金屬絲，來串聯全部的鎖針編織線圈條；將之結合成環狀，預備固定在標準純銀的五鉤鉤鎖上。
5. 將金屬絲穿過一個個針目並整個拉緊收尾，多餘的長度用剪線鉗剪斷。
6. 為了美觀起見，可以用小號焊槍將純銀線頭焊成一小圓，其他銅線尾端視需要修整。

TIPS

每一段都以隱針起針，尾端預留 6 吋（15.2 cm）。每一段完成後，一樣尾端預留6吋（15.2 cm）長。最後將這段金屬絲穿過最後一個針目，整個拉緊收尾。

02 繽紛七彩手鍊

色彩斑斕的手鍊，來自彩色的金屬絲連續鎖針編織。
交纏的線絲，秀出纖細手腕和斑斕色澤。
線圈調鬆一點可展現休閒氣氛，整齊地配戴則可呈現優雅氣質。

工具

●剪線鉗　●平口鉗　●粗地毯織針　●4.00mm（美規G號）紗線鉤針

材料

●26GA（0.4mm）純銀線，$1\frac{1}{2}$ 盎司（46.7g）　●純銀的小串鉤

●四條不同色、28GA（0.33mm）紅銅線、各40碼（36.6m）

製作步驟

A. 先做連接的鉤環以及兩個鉤子。

1. 自四色上漆紅銅線各剪下一段12吋（30.5cm）長。
2. 用鉗子將四段扭折在一起。
3. 再將線圈對折成 6 吋（15.2cm）長，再一次扭折在一起；並將線圈末端纏結把形狀固定。將做好的線圈鉤環置一旁備用。

B. 進行鎖針編織。

4. 用四色上漆紅銅線，連續織600個鎖針。

尺寸：圓徑$3^1/_2$吋（8.9cm）

5. 每編30針就彎一個小圈做記號，可以一邊編一路作記號，或是編完一次作，不過編織針目記號環不要織的太緊，以便完成時可以調整。

C. 將線編的鍊條接在一起。

6. 將鉤針穿進鎖針第一針，還有每60針的針目；將一條連接鉤環穿在鉤針上，一起穿過所有針目。將這條鉤環順時針扭曲以便固定，就完成鍊子一端。

7. 將鉤針穿進鎖針自第一針算起的第30針，還有每個做了記號的小圈。將第二條連接鉤環穿在鉤針上，一起穿過所有針目再順時針扭曲固定：完成手鍊的另外一端了。

8. 在手鍊的末端，將一條連接鉤環穿進純銀的小串鉤的圈裡。

9. 將每條鍊子的末端穿過連接鉤環的一端，然後拉緊固定。如果你無法將金屬絲末端順利穿過鍊環，可借助粗地毯織針。

10. 為了強化連接，用連接環再穿過一次針目，並且把鉤環就近纏緊任一段鎖針約三次，來收緊固定。剪線鉗剪去多餘金屬絲。

11. 重複步驟9、10、11，製作手鍊的另外一端。

12. 用平口鉗將剪斷的金屬絲修齊，並且將編織針目記號環移除。

TIPS

- 你可以利用鎖針編織的長度來控制手鍊長短；要短一點，每編28針就掛編織針目記號環；要長一點的話則是32針。
- 可利用相同的材料做項鍊，只是一開始的連接鉤環要做得長一點。

03 極簡立方墜飾

誰能不沉醉在編織這樣的時尚精品？
純粹立方，除了率性直覺和即興的恣意妄為，
沒有一絲多餘。

工具

●鑽機，有可調整握柄的鑽子，鑽頭符合你所選的鍊子和線繩

●3.50mm（美規00號）不鏽鋼鉤針　●2.75mm（美規1號）不鏽鋼鉤針

●1.50mm（美規8號）不鏽鋼鉤針　●護條　●剪線鉗　●必要的焊接工具

材料

●塑料或木質立方體，大約$1\frac{1}{8}$吋（2.8cm）　●鍊子或是任何喜歡的線繩

●28GA（0.33mm）純銀線，0.6盎司（16g）　●符合設計的配件

製作步驟

1. 在塑料或木質立方體中央做個記號，使用鑽子鑽出一個大小容鍊子或是線繩穿越的孔洞（在洞口兩邊的中央位置確認後，即可用鑽機鑿通）。如果在鍊子上有加其他配件，必須確認孔道大小足以通過。或是先將墜子固定後，再將零件加在鍊子上。

2. 使用3.50mm不鏽鋼鉤針和純銀線進行寬鬆的鎖針編織。長度足以環繞包裹整個立方體，先滑針做個圈環，再用護條小心的把穿過立方體的鍊子隔離開（寬鬆鎖針條的兩端稍後可以隱藏在編好的組織裡）。

3. 在每個九十度直角轉面的地方，要編更鬆的大圈；當又換面經過第一

尺寸：$1^1/_4$吋（3.1cm）立方

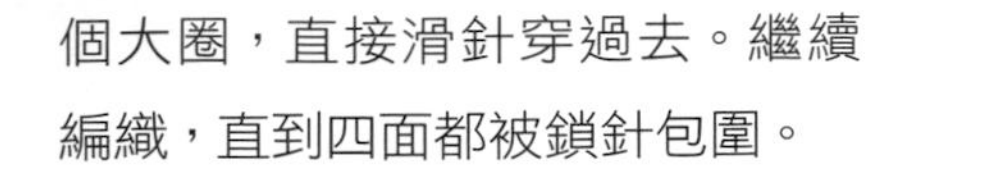

個大圈，直接滑針穿過去。繼續編織，直到四面都被鎖針包圍。

4. 換個方向重新編織，繼續編織寬鬆的鎖針（稍後會一一收緊）。再換面時穿過一個個之前編織的圓圈，逐漸用鎖針編織網將立方體覆蓋包圍。注意在層疊編織的同時，不要失去立方體形狀。持續編織鎖針，直到整個立方體被再一次包住。

5. 改用2.75mm不鏽鋼鉤針隨興地編織滑針，慢慢包圍整個立方體。如有翻面問題的話，視情況加入幾針鎖針。持續寬鬆的鎖針，因稍後還是會穿過去。當組織來越繁瑣緊實，再換成1.50mm不鏽鋼鉤針來做細部修補。

6. 當整個立方體被包圍的情況近完工，用剪線鉗剪斷金屬絲，把尾端塞進立方組織裡藏好。透過最後幾針鬆動的鎖針把表面拉緊，再把鬆弛的圈環塞進去組織裡。

7. 將墜子固定在選定的鍊子或是線繩上。

8. 如果使用緞帶或彩繩，將兩端綁緊即可配戴，或視情況加上零件。如果用金屬鍊子，尾端可利用 S 字鉤子來勾住。如果鍊子夠長可以直接套頭配戴的話，可以用焊槍把兩端直接焊接聯結（確認墜子已經穿進去了）。

TIPS

如果你選用木頭材質的立方體，記得選用堅硬的木質。可以吸附多餘水氣和清潔銀器墜子的洗劑。這個作品換成紫色紅銅線，也很理想。

04 絲花銀絨頸飾

這個蓬鬆別致的頸飾由長鎖針聚集成的圈環來組成，
提供許多練習使用鉤針的機會。
以氧化過的黑色純銀線當基底，
搭配原始閃亮純銀線鉤成的花朵，
有著衝突性的美感效果。

工具

●4.00mm（美規G號）鉤針　●剪線鉗　●平口鉗

材料

●純銀線26GA（0.4mm），大約4½盎司（138g）

●液態氧或碳酸鉀溶液　●標準純銀的鉤子（磁鐵或一般鉤子均可）

●5顆淡水產的珍珠（編註：也可以用圓形的亮面珠子代替珍珠）

製作步驟

A.主要鎖針鍊

1. 使用鉤針和純銀線進行寬鬆的鎖針編織，預留6吋（15.2cm）長度。連續織3,975個鎖針的長度，一邊進行編織一邊用球或是硬紙質的圓筒狀物品纏繞，以避免編好的鍊條糾結難分。還有為了計算方便，每一百針就做個記號環，針目記號環不可死緊，以便完成時移去。

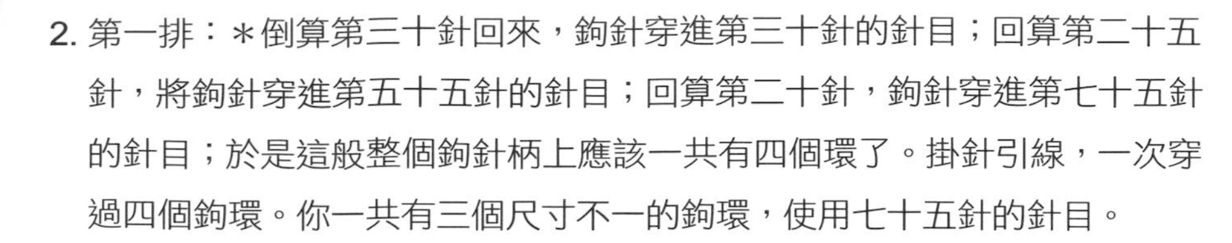

2. 第一排：＊倒算第三十針回來，鉤針穿進第三十針的針目；回算第二十五針，將鉤針穿進第五十五針的針目；回算第二十針，鉤針穿進第七十五針的針目；於是這般整個鉤針柄上應該一共有四個環了。掛針引線，一次穿過四個鉤環。你一共有三個尺寸不一的鉤環，使用七十五針的針目。

   自＊處開始重複五十三次，直到3,975個鎖針通通利用到，項鍊長度達到141/2 吋（36.8cm），並且先後由三種不同尺寸的環結接連組成。

3. 第二排：編織一排引拔針，在步驟2的成品鍊條上，每隔53針加入一滑針以強化組織。

4. 剪斷金屬絲，留下長度約6吋（15.2cm）的末端，將末端穿過最後連接鉤環，然後拉緊固定。

5. 使用雙手來把這鎖針組織略為壓擠成頸部狀，讓頸飾成形。

B.氧化鍊圈

6. 利用長度約達6吋（15.2cm）的末端，來把標準純銀的鉤子兩頭固定，成為飾物配戴的開口處。

7. 要收緊金屬絲尾部，把末端線頭扭轉約三次，來收緊固定。剪線鉗剪去多餘金屬絲。用平口鉗把剪接口壓平，使之不尖利或明顯。

8. 照製造商的說明來準備液態氧或碳酸鉀滲熱水而成的溶液，為了使銀飾順利氧化變黑，將整個成品浸在溶液中約30~60秒。時間一到馬上用冷水沖洗，如果效果不顯著，可重複上述步驟。

C.製作花朵

9. 作五朵裝飾用的花：使用4.00mm不鏽鋼鉤針和純銀線，鉤針穿過起始的第一針，那將是花朵的花蕊部分，再掛線引拔。

尺寸：內側直徑$14^{1}/_{2}$吋（36.8cm）

10. 再連做6鎖針，鉤針再一次穿過花蕊部分，一樣掛線引拔。

11. 重複步驟10約五次，讓每朵金屬絲花都有六瓣。

12. 剪斷金屬絲，留下長度約4吋（10cm）的末端。用末端穿進一顆淡水產的珍珠，讓珍珠順勢滑進花蕊位置固定。再把金屬絲兩邊末端藏在花朵後面。

13. 把做好的五朵金屬絲花固定在項鍊上，位置可依設計者隨意擺放。

    用絲花後的金屬絲兩邊末端，纏在任意的鎖針針目，綁緊收尾。

TIPS

想做尺寸大一點的頸飾，編織長一點的鎖針，可多重複步驟幾次。本案例作者使用標準純銀的磁鐵鉤子，改用鉤子也可以。

05 雙色魅力墜飾

墜子前面是用純銀線編織而成，背景是紫色上漆紅銅線；
因為前面做的比後面稍大，所以自前面看起來，是看不到紫色背景的。
成品如圖，珍珠會固定在正中位置。

工具

●剪線鉗　●粗圓管或手鐲用圓軸心　● 焊接的工具　●鑷子　●細磨銼刀

●2.75mm（美規 1 號）不鏽鋼鉤針　●2.00mm（美規4號）不鏽鋼鉤針

●縫衣針　●鋼刷

材料

●標準細純銀線14GA（1.62mm），12吋（30.5cm）

●純銀線28GA（0.33mm），1 盎司（31.1g）

●標準純銀管，內徑須可容選定的鍊子和線繩通過

●紫色紅銅線、28GA（0.33mm），40碼長（36.6m）

●含 S 字型串鉤的純銀鍊，長度約22吋（55.9cm）

●11顆直徑 3mm的珍珠。（編註：或一般飾品圓珠）

製作步驟

A. 先作鋼網

1. 將14GA標準純銀線剪成9¼吋（23.5cm）長度，來做 3 吋（7.6cm）直徑

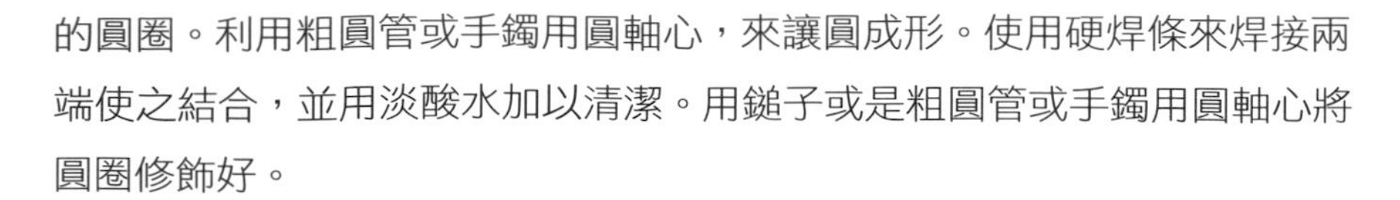

的圓圈。利用粗圓管或手鐲用圓軸心，來讓圓成形。使用硬焊條來焊接兩端使之結合，並用淡酸水加以清潔。用鎚子或是粗圓管或手鐲用圓軸心將圓圈修飾好。

2. 使用細磨銼刀，在圓圈的中心上方做兩個切口。將標準純銀管放在其上，使用焊接銀器的工具焊接在銀圈上，再用淡酸水加以清潔。使用鋼刷輕刷來磨亮銀圈後備用。

B. 編織墜子

3. 使用2.75mm不鏽鋼鉤針和純銀線進行滑結編織，編三個鎖針，再做引拔針來做個新的圈。
4. 第一排：一鎖針再接兩個短針，再以一個引拔針結合第一排的前八針。
5. 第二排：更換鉤針為2.00mm不鏽鋼鉤針，一鎖針再接兩個短針，以一個引拔針結合前十六針。
6. 第三排：一鎖針再接一排短針，以一個引拔針與前針聯結。
7. 第四排：一鎖針再接一排短針，以一個引拔針與前針聯結。
8. 第五排：一鎖針，＊再接一個短針，再做兩個短針；從＊開始重複做完整個圓，以一個引拔針結合前二十四針。
9. 第六排：一鎖針再接一排短針，以一個引拔針與前針聯結。
10. 第七排：一鎖針再接一個單鉤裡線的短針，以一個引拔針與前排聯結。
11. 第八排：一鎖針，＊再接一個單鉤裡線的短針，再做兩個單鉤裡線的短針；從＊開始重複做完整個圓，以一個引拔針結合之前的三十六針。
12. 第九排和第十排：一鎖針再接一個單鉤裡線的短針，以一個引拔針與前排聯結。

尺寸：內圈直徑3 吋（7.6cm）

13. 第十一排：一鎖針，＊再連續接三個短針，第四針再作兩個短針；從＊開始重複做完整個圓，以一個引拔針結合前四十五針。

14. 第十二排：一鎖針再接一個單鉤裡線的短針，以一個引拔針與前排聯結。

15. 第十三排：將步驟1、2 做好的銀圈放在編織好的圓盤組織上，一鎖針再接一個短針，如是繞整個銀圈架來和圓盤的外緣相接，以一個引拔針與前排聯結。

16. 將金屬絲切斷後，套過之前的針目拉緊固定。將圓盤略微修剪，把中心壓扁壓低。

17. 使用紫色上漆紅銅線， 照步驟3到12製作第二個圓盤來做這個吊墜的背面。剪斷金屬絲，留下長度約18吋（45.7cm）的末端——將末端穿過最後連接鉤環——然後拉緊固定。

C.成品接合

18. 將紫色上漆紅銅線尾端穿進縫衣針，將紫色圓盤縫在銀盤背面：縫在銀盤外緣最後一排內部，來維護銀盤的美觀。

19. 利用銀盤另外留下長度約6吋（15.2cm）的銀線末端，把珍珠一一縫綴在銀盤正面被壓低的中央部份。

20. 可以利用剩下來的線，把正、背面兩個圓盤縫緊固定。把線末端埋進墜子隱藏，把選定的鍊子和線繩通過標準純銀管，再用S字型串鉤來固定在脖子上配戴。

06 純真薔薇耳環

自己的耳朵當然是戴著自己的作品最美了！
這款耳環是用小圓針法編織而成，
編織結束後，對折成薔薇花般的耳環，
足以襯托出純真嬌豔的臉龐。

工具

● 1.30mm（美規10號）不鏽鋼鉤針 ● 剪線鉗 ● 縫衣針 ● 圓嘴鉗子

材料

● 純銀線30GA（0.25mm），1/4 盎司（8g）

● 標準純銀線20GA（0.81mm），用來當吊掛耳環的圓圈

製作步驟

1. 使用1.30mm不鏽鋼鉤針和純銀線進行滑結編織，編六個鎖針，再做引拔針來做個新的圈。
2. 第一到四排：一鎖針再接兩個短針，再以一個引拔針結合第一排。（注意：第一排末端做個記號：因為稍後不容易辨認每一排的末節。）
3. 第五到七排：一鎖針再接一個短針，再以一個引拔針結合前一排。
4. 剪斷金屬絲，留下長度約6吋（15.2cm）的末端——將末端穿過最後連接鉤環——然後拉緊固定。

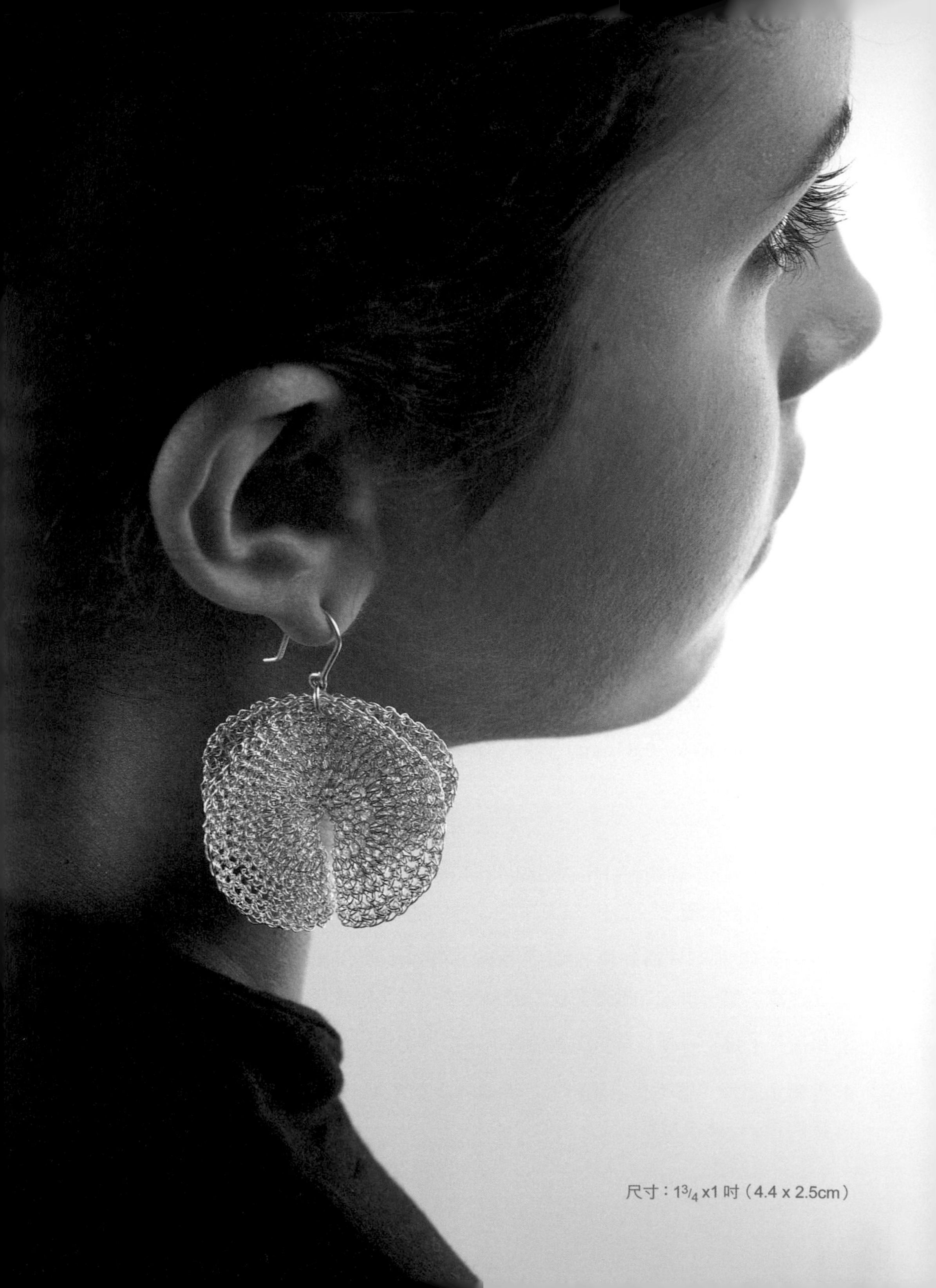

尺寸：$1^3/_4$ x1 吋（4.4 x 2.5cm）

5. 使用縫衣針細心地將金屬絲末端縫在短針針目上。
6. 用20GA標準純銀線來進行製作吊掛耳環的圓圈，彎成兩段 1/8 吋（0.3mm）長供雙耳使用。
7. 參照照片的形狀，把編好的成品用圓嘴鉗子對折：把兩邊尾端夾緊做成雙層效果。
8. 把穿針穿過織物的兩層，彎成圓圈再加入耳環穿針以便配戴。

進階變化

- 要改用上漆紅銅線來製做耳飾，你將需要任意色的上漆紅銅線 1/4 盎司（8g），在前六排照步驟2、步驟3來作。剪斷金屬絲，留下長度約1.5吋（3.8cm）的末端。
- 進行第七排，一鎖針再接一個單鉤第五排的短針，將第六排圍繞。以一個引拔針結合前排。
- 照步驟5～8來做收尾動作，不過將圓圈和耳針穿在兩邊尾端夾成雙層的地方。
- 要作小一號的薔薇耳環，少編幾排；反之亦然。
- 亦可以銀線和銅線交互編織，以製造條紋圖案的設計感。

用純銀絲編織成、
閃亮如月的銀盤和接續編織的檸檬黃銅線串編而成，
恍如明月鑲嵌著黃金色的光暈。
是一款貴氣典雅的金屬絲飾品。

工具

●2.75mm（美規1號）不鏽鋼鉤針　●2.00mm（美規4號）不鏽鋼鉤針

●剪線鉗　●縫衣針

材料

●純銀線28GA（0.33mm）、3盎司（93g）　●銀質鉤子

●11個標準純銀的圓圈，16GA（1.29mm）、管徑 $^{3}/_{4}$ 吋（1.9cm）

●檸檬黃色紅銅線、28GA（0.33mm）、40碼長（36.6m）

製作步驟

A. 編織圓盤

1. 先動手做十一個圓盤：使用純銀線在距離末端$1\frac{1}{2}$吋（3.8cm）的地方做一個滑結。
2. 第一排：用2.75mm不鏽鋼鉤針對著一個純銀的圓圈，連續織十八個短針，以引拔針為圓環的第一針。

尺寸：由直徑約 2 吋（5.1cm）的圓盤組成，總長 17 吋（43.2cm）

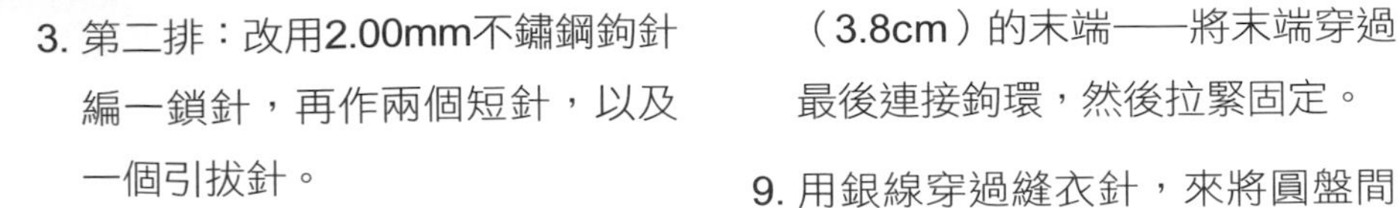

3. 第二排：改用2.00mm不鏽鋼鉤針編一鎖針，再作兩個短針，以及一個引拔針。

B. 結合第一排的鎖針

4. 第三排：一鎖針再接一排短針，以一個引拔針與前針聯結。
5. 剪斷金屬絲，留下長度約$1\frac{1}{2}$吋（3.8cm）的末端——將末端穿過最後連接的鉤環，再拉緊固定。

C. 連接完成

6. 用2.75mm不鏽鋼鉤針和檸檬黃色上漆紅銅線，進行圓盤的連接：要連接檸檬黃銅線的方法是將鉤針穿進下一針，再做引拔針來做個新的圈。現在鉤針柄上掛著一個圈，再一次掛線引拔，完成一針。
7. 用下列方式來做一排連續短針：像曲線般一次作上半的銀圓盤的外緣，連著做下個銀盤的下半圓，以一個引拔針結合圓圈的第一針。
8. 剪斷金屬絲，留下長度約$1\frac{1}{2}$吋（3.8cm）的末端——將末端穿過最後連接鉤環，然後拉緊固定。
9. 用銀線穿過縫衣針，來將圓盤間距離縮小，並且對整條盤鍊再做修飾。
10. 將剩下的銀線，就近藏在前一排編織的組織裡。
11. 再把銀質鉤子縫在鍊子兩端的圓盤上，以固定在脖子上配戴。

08 個性玉盤墜鍊

這是一組創意十足的款式，
三個圓盤和三段長短不一的鎖針鍊子聯結，
每個圓盤由純銀絲織就而成，外緣再飾以上漆紅銅線。
強烈的對比，十足的個性。

工具

- 2.75mm（美規1號）不鏽鋼鉤針 ●剪線鉗
- 2.00mm（美規4號）不鏽鋼鉤針 ●縫衣針

材料

- 純銀線28GA（0.33mm）、1 盎司（31.1g） ●純銀的小串鉤
- 三的標準純銀的圓環16 GA（1.29mm）、內徑 3/4 吋（1.9cm）
- 一個任選色的紅銅線28GA（0.33mm）、40碼（36.6m）

製作步驟

A. 製作圓盤

1. 先做三個銀環：使用純銀線在距離末端 1 吋半（3.8mm）做個起針滑結。
2. 第一排：使用2.75mm不鏽鋼鉤針，在標準純銀的圓環上連織十八個短針，用一個引拔針跟圓環的起針聯結。

鍊子：全長17吋（43.2cm）
圓盤：直徑 2 吋（5.1cm）

3. 第二排：改用2.00mm不鏽鋼鉤針，一鎖針加每一針連織兩個短針，用一個引拔針跟圓環的起針聯結。

4. 第三排：一鎖針加一個短針，連續短針直到引拔針跟圓環的起針聯結，用剪線鉗剪斷金屬絲，透過最後圈環把表面收緊。

5. 第四排：將鉤針穿過最後一針針目，將任選色的上漆紅銅線掛線引拔，一鎖針加一個短針，直到用一個引拔針跟圓環的起針聯結；讓銀環外緣綴上一條上漆銅線。

6. 剪線鉗剪斷金屬絲，透過最後圈環把表面收緊。

B.編織鍊子

7. 使用2.75mm不鏽鋼鉤針，把純銀線和上漆紅銅線作一股編織，做個起針滑結。尾端預留4吋（10.2 cm）長，編織一段32吋（81.3cm）長的鎖針，一樣尾端預留4吋 (10.2 cm)長，最後將這段金屬絲穿過最後一個針目，整個拉緊收尾。

8. 重複步驟7，另外做一條32吋（81.3cm）和26吋（66cm）長的鎖編鍊子。

9. 使用縫衣針、還有鎖編的末端金屬絲，來將一段32吋（81.3cm）長的鎖針鍊子兩端和編織圓盤作聯結。

將兩個連接點分隔半吋（1.3cm），用金屬絲末端和編織圓盤的最外圍一排做縫合。

10. 重複步驟9，把另外一個圓盤和另外一段32吋（81.3cm）長的鎖針鍊子兩端做聯結。

11. 再用縫衣針和鎖編的末端金屬絲，來將一段26吋（66cm）長的鎖針鍊子兩端和編織圓盤做聯結。兩個連接點一樣分隔半吋（1.3cm），用金屬絲末端和第三個編織圓盤的最外圍一排做縫合。

12. 用編織圓盤的最後一排來進行聯結工作。

13. 透過第三個銀盤中央來固定第一和第二個圓盤的鍊子，並將整條鍊子直接套頭配戴。

TIPS

編織圓盤和鎖編鍊子可以更換顏色和尺寸，隨你的設計來做任意變動。

09 晶瑩銀珠耳環

這款串珠耳環和下一個作品「晶瑩頸鍊」可以搭配成套，
藉著增減針數和螺旋般圓形編織，
剔透輕盈如同舞動的精靈。

工具

●1.00mm（美規12號）不鏽鋼鉤針 ●劃線器 ●剪線鉗 ●焊接工具 ●鐵鎚
●窩砧與搭配的窩作（請參照 183 頁）●不鏽鋼軸承 ●斜口鉗
●鑽子或是有18GA可更換的鑽頭 ●珠寶工專門的鋸框和鋸刀
●四號粗細的銼刀 ●符合設計的配件 ●磨光布或是磨光打亮齒輪

材料

●純銀線28GA（0.33mm），大約 3.9 dwts
●4個標準純銀的圓圈，管徑 $^1/_4$ 吋（6.0mm）
●2根標準純銀管，內徑5/8吋（1.6cm、外徑2mm）
●2條純銀線18GA（1.01mm），$3^1/_2$ 吋（8.9cm）
●2個標準純銀的串珠，直徑3mm大小

製作步驟

1. 使用1.00mm不鏽鋼鉤針和純銀線起針滑結，尾端預留2吋（5.1cm）長，編三個鎖針。

直徑：5/8 吋、1.6cm

2. 用一個滑針來形成一個新的圓圈，現在的組織形狀僅具雛形，所以耐心地遵照編織圖樣編下去。你可以利用劃線器把鉤環撐開，方便計算針數，同時也能將編織進度看得更清楚。

3. 編織球體的上半部，每一針連續編兩個短針，直到編了十二針算完成。

4. 織到這邊，已經形成一個低淺的碗狀；接著編織二到三圈的短針，來形成球體中央。

5. 當整個球體成形，慢慢修正形狀使它容易進一步加工。

6. 要做球體的底部，＊每做一短針就跳一針，再從＊開始重複，直到整個圓球完成剩$1/8$吋（3mm）空間和三針未編。

7. 使用劃線器來擴大和修正球體頂端和底部的兩個洞，如果果軸線沒有置中，適當調整之。

8. 用剪線鉗剪斷金屬絲，尾端預留2吋（5.1 cm）長。最後將這段金屬絲穿過最後一個針目，整個拉緊收尾。小心地將1 $1/2$吋（3.8 cm）尾端的金屬絲穿進串珠裡，把多餘的線隱藏在圖樣的針目裡，將線尾剪去。

9. 將完工所需材料事先預備好：

- 純銀圓環：用窩鉆做出符合編織串珠成品的形狀，在中央鑽一個18GA的洞。
- 銀質鋼管：使用鋸子和鋸框裁斷成適當長度，再用銼刀將切口磨平。
- 18GA的粗銀線：使用鋸子和鋸框裁斷成適當長度，再用銼刀將切口磨平。

10. 使用焊接槍把所有切口都燒焊成小圓球狀，使用淡酸水清潔表面後磨光打亮。
11. 兩個耳環分別把純銀環和銀管穿進粗銀線裡，把編織好的珠球吊掛進銀管裡，再穿進第二個圓環和3mm的銀珠進耳針。
12. 用斜口鉗子把穿耳針彎成直角九十度，串珠以上再彎曲3/4吋（1.9cm）作為穿耳用。
13. 用手和斜口鉗再一次調整耳針後方，使銀針彎弧便利配戴。
14. 用鐵工鎚把背耳針捲在不鏽鋼軸承上輕敲定型，視需要修剪讓兩邊等長或是剪斷重作。
15. 把耳針切口用銼刀磨平，不要留尖利的邊緣以免傷及耳垂。

TIPS

要做到相似的兩個編織球體，必須花點時間去編織數個，然後再從中挑選。謹慎地記牢編織的針數，只要一到兩針的些微差距就會讓球體的比例天差地遠。

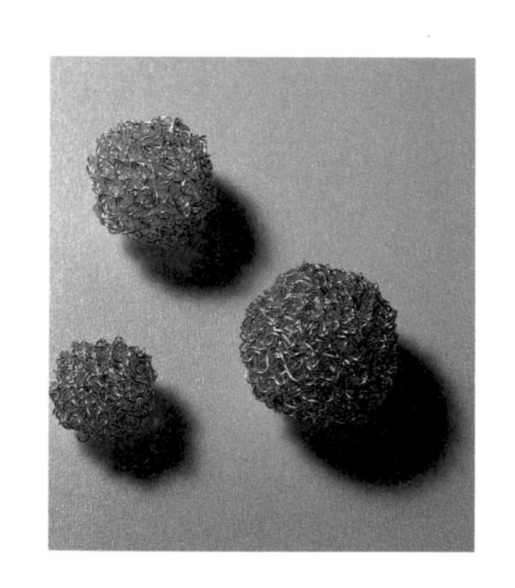

10 晶瑩針織頸鍊

藉由粗圓的純銀線和連續的短針編織而成，
這款華麗多變的項鍊可以編成各種不同的長度和重量。

工具

● 1.00mm（美規12號）不鏽鋼鉤針 ● 劃線器 ● 剪線鉗 ● 斜口鉗

材料

● 純銀線28GA（0.33mm） ● 大又重的鉤子，10mm大小

● 2 個連接環，14GA（1.62mm），外徑4.5mm

● 可以符合鍊子上掛鉤規格的小號連接環

製作步驟

1. 這個款式是由迴旋向上的編織粗管為主結構，常常確認編織的針數是很必要的，少數一兩針的差距就會破壞成品效果。使用1.00mm不鏽鋼鉤針和純銀線起針滑結，尾端預留2吋（5.1cm）長，編五個鎖針。

2. 每一針連續編兩個短針來和圈環聯結，現在的組織形狀僅具雛形，所以耐心地遵照編織圖樣編下去。你可以利用劃線器把鉤環撐開，方便計算針數，同時也能將編織進度看得更清楚。

3. 第一排：每隔一鎖針就做一個短針，共織五個短針。

長度：24吋（61cm）
直徑：1/4 吋（6mm）

4. 繼續隔一鎖針就做一個短針，直到編織長度已經足夠。
5. 尾端預留2吋 (5.1cm)長，最後將這段銀絲穿過最後一個針目，整個拉緊收尾。在距離末端 1 吋半處（3.8mm）把多餘的銀絲編進去。
6. 將銀絲末端塞進針目裡，用雙手搓揉、使整條鍊子修飾完美。
7. 使用劃線器在每條鍊子距離末端 1/16 吋（1.6mm）處開個洞。
8. 用斜口鉗將一個14GA的連接環穿過每個洞，並夾緊固定。
9. 將小連接環掛在鉤子上，來和14GA的連接環聯結。

進階變化

鍊子的粗細，會因金屬絲規格或針數的不同變化而更動：

- 變化1：四針、28GA金屬線
- 變化2：五針、28GA金屬線
- 變化3：六針、28GA金屬線
- 變化4：五針、30GA金屬線

銅線、銀、紅與藍，四種顏色編組成細緻胸針的四邊：
每一邊的組織都由鎖針編成，
各自編織完成後再結合成如風車般的四面扇形。

工具

- 1.65mm（美規7號）不鏽鋼鉤針　●剪線鉗　●縫針
- 熱熔槍和膠條（或可使用針和縫衣線來將別針固定）

材料

- 30GA（0.25mm）原色紅銅線，50碼（45.7m）
- 30GA（0.25mm）深紅色紅銅線，50碼（45.7m）
- 30GA（0.25mm）銀色紅銅線，50碼（45.7m）
- 30GA（0.25mm）藍色紅銅線，50碼（45.7m）
- 別針，大小約 1 吋（2.5cm）

製作步驟

分別做四個風車葉片：

1. 將30GA原色紅銅線用5.00mm不鏽鋼鉤針起針滑結，尾端預留3吋（7.6 cm）長的金屬絲，連續編織十五鎖針。
2. 加入30GA紅色銅線，把深紅色線和原色紅銅線併成一股，＊下一鎖

尺寸：$1^3/_4$吋（4.5cm）平方

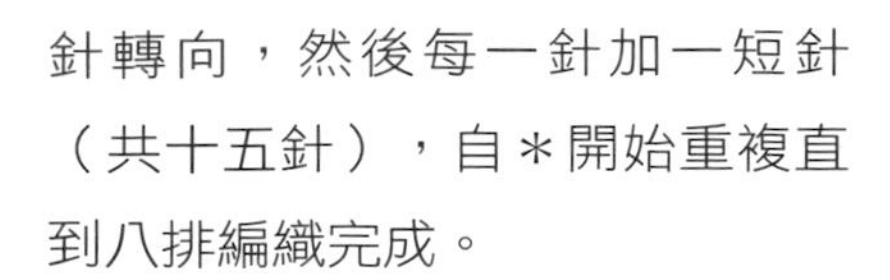

針轉向，然後每一針加一短針（共十五針），自＊開始重複直到八排編織完成。

3. 放下紅線改用銀線，把銀線和原色銅線併成一股，下一鎖針轉向，然後每一針加一短針。
4. 放下銀線改用藍線，把藍線和原色銅線併成一股，下一鎖針轉向，然後每一針加一短針。
5. 放下藍線改用原色銅線，尾端預留3吋（7.6 cm）長的金屬絲，把藍線剪斷。把銀線和上漆銅線併成一股，下一鎖針轉向，然後每一針加一短針。

6. 放下銀線改深紅線，尾端預留3吋（7.6 cm）長的金屬絲，把銀線剪斷。把紅線和上漆銅線併成一股，下一鎖針轉向，然後每一針加一短針。
7. 將紅線和原色銅線剪斷，尾端預留3吋（7.6 cm）長。將兩條金屬絲尾穿過最後一個針目並整個拉緊收尾，多餘長度用剪線鉗剪斷。
8. 每片織物對折，利用織補用縫針和預留3吋（7.6 cm）長的金屬絲，來把對折的兩端縫起固定。
9. 參照圖，選用任意色的單股金屬絲，來把四塊單一的葉片結合成風車狀。

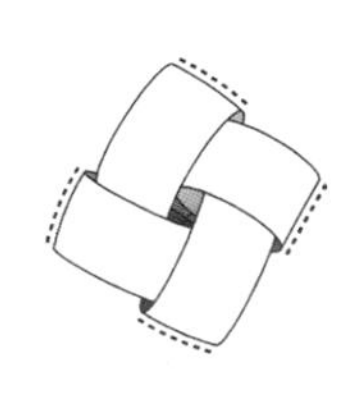

10. 把金屬絲末端穿進縫針，小心地縫進胸針編織的針目組織裡。反覆修飾，直到外觀達到完美。
11. 將別針固定在編織好的風車扇形胸針上。

12 如意葫蘆頸飾

編織一個經典的優雅墜子，
任編織多變的張力與針數 在鎖骨間晃盪，風情萬種。

工具

- 1.00mm（美規12號）不鏽鋼鉤針 ●劃線器 ●剪線鉗 ●斜口鉗
- 不鏽鋼軸承 ●鐵鎚 ●銼刀 ●鑽子或適用16GA的鑽頭

材料

- 28GA（0.33mm）純銀線，大約 3.5 dwt
- 16GA（1.29mm）純銀連接環，外徑7.0mm
- 12GA（2.05mm）標準純銀線，1 吋（2.5cm）
- 2個標準純銀圓環20GA（0.81cm），3mm，用來聯結
- 標準純銀圓環20GA（0.81cm），3mm長，用來穿珠用
- 圓形鋼絲或是大頭針，5/8吋（1.6cm），用來穿珠用
- 銀鍊子或是任何喜歡的緞帶或線繩
- 如果鍊長短於30吋（76.2cm）則需另外準備鉤子
- 串珠或珍珠、直徑3mm

製作步驟

1. 使用1.00mm不鏽鋼鉤針和28GA純銀線起針滑結，尾端預留2吋（5.1 cm）長，編三個鎖針。
2. 第一針下兩個短針，直到形成一個環。
3. 下兩針連續下兩個短針（總共有六針）；現在的組織形狀僅具雛形，所以耐心地遵照編織圖樣編下去。你可以利用劃線器把鉤環撐開，方便計算針數，同時也能將編織進度看得更清楚。
4. 持續第一針下兩個短針，直到編了二十二針。
5. 連續編織到一邊的葫蘆已經1/4吋（6mm）高；這和形成碗狀有所區別，用手指細心地把織物成形，直到葫蘆已具大致輪廓為止。
6. 接近該做收編和織蘆肩的動作，＊每作四短針就跳一針，再從＊開始重複直到剩約十一針未編。
7. 連續編織短針，直到一邊的葫蘆頸已經 $^{3}/_{8}$ 吋（10mm）高。
8. 尾端預留2吋（5.1cm）長，最後將這段銀絲穿過最後一個針目，整個拉緊收尾。在距離末端 1 吋半處（3.8mm）把多餘的銀絲編進去，把多餘的線隱藏在針目裡，並將線尾剪去。

TIPS

不同顏色的金屬線可製作出不同風格的葫蘆形墜子。

長度：$1\frac{1}{2}$ 吋（3.8cm）
直徑：$\frac{3}{4}$吋（1.9cm）

9. 使用劃線器來擴大和修正葫蘆體頂端邊緣的每個針洞，將連接環穿過其中。用斜口鉗將之密合，這可以強化組織以容稍後聯結小環穿過。

10. 把做聯結小環的12GA標準純銀線放在不鏽鋼軸承上，用鐵工鎚輕敲銀線兩端，使之成為扁平槳狀；拿銼刀把尖利末端磨平。使用固定鑽子或是可更換鑽頭的鑽子，在槳形兩端中央鑽孔。自中央對折形成U字形。

11. 把小圓環穿進這兩個孔，並且將之穿過固定在葫蘆頂端的連接環環裡。

12. 可以在葫蘆底部加一顆串珠或珍珠，做進一步的裝飾。使用劃線器把下面的鉤環打開，穿進一個連接環，再用圓形鋼絲或是大頭針把珠子穿上。把鋼絲上部彎下來，預留1/4吋（6mm）後剪掉，把末端彎進珠子洞裡。

13. 把做好的葫蘆墜子穿進銀鍊子或是任何喜歡的緞帶或線繩。並使用搭配的鉤子使之容易配戴。基本上一條30吋（76.2cm）長的項鍊可直接套頭，不必搭配任何種類的鉤子。

13 寰宇星球項鍊

由一百二十個絲線編織成的球體，
縫合聯結成領子。
水藍色金屬絲編織成一個個浩翰星球，也可再綴以閃亮金線。

工具

- 3.50mm（美規00號）不鏽鋼鉤針
- 鐵絲剪
- 圓嘴鉗
- 縫衣針

材料

- 水藍色銅線26GA（0.4mm），300碼長（274m）
- 鍍金純銀線26GA（0.4mm），90碼長（82.2m）
- 鍍金或烤金的S型鉤子，剛好符合連接環的尺寸和整個球體項鍊的比例

製作步驟

A. 編織球體

1. 分別編織一百二十個球體：將3.50mm不鏽鋼鉤針和水藍色銅線（26GA）拿好，用金屬絲纏起針滑結開始織六鎖針。連續織完一圈以滑結連接。
2. 第一排：編織連續短針。
3. 第二排：連續編織兩針短針。

4. 第三排：編織連續短針。

5. 第四排：開始把球體縮小，＊掛線連穿兩針，一次穿過鉤針柄上的三個鉤環，少一針。從＊重複到整圈織完。

6. 第五排：編織連續短針。

7. 用鐵絲剪剪斷金屬絲，尾端預留2吋（5.1 cm）長。最後將這段金屬絲穿過最後一個針目，整個拉緊收尾。用手指把球體形狀修正，並且把不順的金屬絲末端收好，建立起統一的形狀。用縫衣針穿過一個個球體頂端的環，收緊線讓球靠球緊鄰。將多餘的絲線穿過頂端針目，來回纏繞幾次固定。讓剩下的線放著，稍後還有進一步的縫合動作。

B. 縫綴金邊

8. 只加在三十四個球體：注意當你把26GA鍍金純銀線綴在球體上，很可能會不小心壓平部份，當心不要給織物過大壓力。

9. 自穿過頂端針目的多餘絲線旁邊針目，穿進26GA鍍金純銀線，用圓嘴鉗把鍍金線末端和旁邊線尾交纏幾圈，再和球體組織夾緊。

10. 使用3.50mm不鏽鋼鉤針，以鍍金銀線為主，在水藍球體每一針上編短針。直到圓周的外圍輪廓已經大致描繪出來。

11. 預留 1 吋（2.5cm）的尾端，把鍍金銀線剪斷。並穿過最後一個針目，整個拉緊收尾。再重複一次把線尾穿進同一個針目，拉線收緊後剪去多餘線尾。用圓嘴鉗把線尾切口彎回圓環。用手指把球體形狀再次修正。

12. 把連接在一起的編織球體做個編排，有點綴金邊的球體隨機安插；把球體分成三組：使用圓嘴鉗把剛才剩下的線扭轉過，把這三組編織球連接在一起。用鋼絲剪把尾端儘可能剪短。用鉗子把線尾切口彎回圓環。

長度：20吋（51cm）
寬度：2吋（5cm）

13. 把這三組整理成適合配戴的項鍊，確定球體間有重疊情形。使用水藍金屬絲尾端預留2吋（5.1 cm）長和縫衣針，把項鍊縫合固定成形。在球體重疊處，把線直接穿越兩個球體，並且用圓嘴鉗夾緊固定。

用鋼絲剪再次把尾端儘可能剪短，用鉗子把線尾切口彎回本身為圓環：繼續縫合工作直到項鍊已達理想長度，在空隙大的地方多排幾個編織球。當整個項鍊已然成形，把鍍金或烤金的 S 型鉤子固定在鍊子的兩端。

進階變化

少做幾個編織球，可以使項鍊短一些。多做幾個編織球，做成垂在胸前的長鍊，不過直接縫合末端而不是接S型鉤子配戴，會更加有型。

14 清麗花語墜飾

海芋花的花語是青春，編織成的飄逸葉片優雅地在鍊子末端晃動，
細緻的葉片包裹著由軟黑金屬絲編成的管狀花蕊。
這些零件使用針法增減成形後分別編好，
最後再組合成這個海芋花卉墜子，充滿青春動感活力。

工具

●1.50mm（美規8號）不鏽鋼鉤針　●鐵絲剪　●縫衣針

材料

●軟質黑鐵線32GA（0.2mm），0.7盎司（20g）　●嬰兒油
●純銀線32GA（0.2mm），0.35盎司（10g）

製作步驟

A. 鐵管花蕊

1. 將1.50mm不鏽鋼鉤針和兩股軟質32GA黑鐵線拿好，用金屬絲纏起針滑結開始織十針鎖針。連續織完一圈以滑結連接。
2. 第一和二圈：編織連續短針，一共十針。
3. 第三圈：在第一、四、七和十針編織兩個連續短針。其他都是單一短針（一共編十四針）。

4. 第四和五圈：編織連續短針。

5. 第六圈：在第一、五、九和十三針編織兩個連續短針。其他都是單一短針（一共編十八針）。

6. 第七圈：編織連續短針。

7. 第八圈：在第二、六、十、十四和十八針編織兩個連續短針。其他都是單一短針（一共編二十三針）。

8. 第九和三十二圈：編織連續短針。

9. 用鐵絲剪剪斷金屬絲，尾端預留2吋（5.1 cm）長。最後將這段金屬絲穿過最後一個針目，整個拉緊收尾。把編好的黑色花蕊置一旁待用。

B. 編織銀葉

10. 將1.50mm不鏽鋼鉤針和32GA純銀線拿好，起針滑結開始織十八鎖針。

11. 第一排：跳過兩針，第三針編織連續短針一直到整排編完。還有十六針未編。

12. 第二到四排：編織連續短針。

13. 第五排：在第二和十五針編織兩個連續短針。其他都是單一短針（一共編十八針）。

14. 第六排：編織連續短針。

15. 第七排：在第二和十七針編織兩個連續短針。其他都是單一短針（一共編二十針）。

16. 第八排：編織連續短針。

長度：1.5吋長（3.8 cm）
寬度：$3\frac{3}{4}$吋（9.5cm）

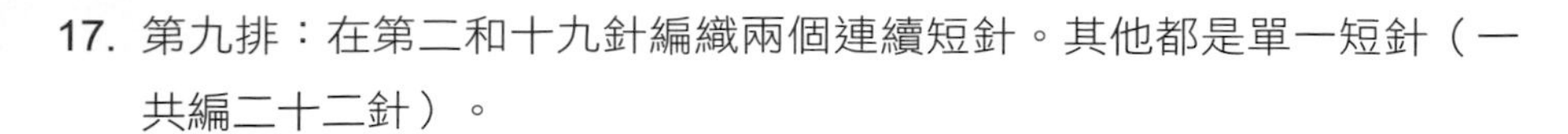

17. 第九排：在第二和十九針編織兩個連續短針。其他都是單一短針（一共編二十二針）。
18. 第十排：在第二和十一針編織兩個連續短針。其他都是單一短針（一共編二十五針）。
19. 第十一到十四排：每第二針、每個中心都編織兩個連續短針一直編完。其他都是單一短針，在以下排數每排你該增加四針：十一排、二十九針。十二排、三十三針。十三排、三十七針。十四排、四十一針。
20. 第十五到十六排：每第二針、每個中心四針都編織兩個連續短針一直編完。其他皆單一短針，以下排數每排增加六針：十一排、二十九針。十二排、三十三針。十三排、三十七針。十四排、四十一針。
21. 第十七排：編織連續短針。
22. 第十八排：開始減針如下：每排第一針鉤一個短針，第二和三針也一起。 一直編到十八排的中心兩針；編短針直到這排的倒數三針，一次編倒數兩針，最後一針編短針結束。你已少編三針。（只剩五十針）
23. 第十九到二十九排：重複步驟22第十八排，你在一共十一排每排都少了三針，所以一共少了三十三針（在第二十九排之後只有十七針）。
24. 第三十到三十二排：開始減針如下：每排第一針鉤一個短針，第二和三針也一起。每排第一針鉤一個短針，倒數兩針一次鉤。最後一針編短針結束。在一共三排每排都少了二針，所以總共你已經少編六針。（第三十二排後只剩十一針）
25. 第三十三排：編織連續短針。
26. 第三十四到四十二排：跳過一針，第二針編織單一鎖針；每針都編織短

針一直到整排編完。在一共九排每排都少了一針，所以總共你已經少編九針。（在第四十二排之後只剩二針）

27. 第四十三排：倒數兩針一次鉤，最後一針編短針做為結束。用鐵絲剪剪斷金屬絲，最後將這段金屬絲穿過最後一個針目，整個拉緊收尾。

C. 編織小銀葉

28. 將1.50mm（美規8號）不鏽鋼鉤針和純銀線32GA（0.2mm）拿好，起針滑結開始織十二鎖針。

29. 第一到三排：從第三針開始鉤，編織連續短針，一共十針。

30. 第四到七排：編織兩個連續短針。其他都是單一短針；你已經在一共四排每排都多了二針，一共加了八針。（在第七排之後只剩十八針）

31. 第八到十一排：編織連續短針。

32. 第十二到十七排：每排第一針鉤一個短針，第二和三針也一起。編短針直到這一排的倒數三針，一次編倒數兩針，最後一針編短針結束。在一共六排每排都少了二針，總共少了十二針。（在第十七排之後只剩六針）

33. 第十八到二十一排：跳過一針，第二針編織單一鎖針；每針都編織短針一直到整排編完。在一共四排每排都少了一針，所以總共你已經少編四針。（在第二十一排之後只剩二針）

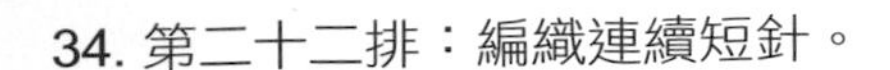

34. 第二十二排：編織連續短針。

35. 第二十三排：最後兩針一次編好，做為一個短針。用鐵絲剪剪斷金屬絲，最後將這段金屬絲穿過最後一個針目，整個拉緊收尾。用縫衣針把多餘的線尾小心地縫回葉片組織，使用純銀線把兩片銀葉縫在黑管花蕊的頂端。

D. 更多葉片

36. 再分別做三片葉子：將1.50mm不鏽鋼鉤針和鐵線拿好，起針滑結開始織四鎖針。

37. 第一排：編織連續短針，一共四針。

38. 第二到四排：從第二針開始編織兩個連續短針。其他都是單一短針；你已經在一共三排每排都多了二針，一共加了六針。（在第四排之後只剩十針）

39. 第五到六排：編織連續短針。

40. 第七排：第一針編單一短針。第二和三針也一起編短針，其他都是單一短針直到編到倒數三針；你已經在一共四排每排都多了二針，一共加了八針。（在第七排之後只剩十八針）

41. 第八排：從鐵管花蕊的右頂部開始，滑針編織把葉片固定其上。用鐵絲剪剪斷金屬絲，把這段金屬絲穿過最後一個針目，整個拉緊收尾。

42. 重複步驟36到41再多做兩片葉子。一樣藉滑針編織把葉片固定在鐵管花蕊頂部，細心地重疊放置。在擺放上第三片葉子之後不要用鐵絲剪剪斷，這支綴滿葉片的花蕊稍後會組合成海芋墜子。

43. 使用多餘的金屬絲，＊在花梗處連續做十四個鎖針，從＊開始重複多編幾圈，在花的左邊做個結束。

44. 從左邊開始編織一段鎖針，長度足夠直接把項鍊套頭配戴。使用兩個短針把鍊子固定在海芋花的右邊。使用同一條金屬絲再編一條一樣長的鍊子，自花的右邊開始編織。在編織同時，以一定頻率用短針和第一條鍊子做連接，避免糾纏在一起。

最後用短針把第二條編織鍊在花的左邊固定好。用鐵絲剪剪斷金屬絲，把這段穿過最後一個針目，整個拉緊收尾。用縫衣針把多餘的線尾小心地縫回花卉組織，定期用嬰兒油抹上鐵絲避免生鏽發黑。

進階變化

使用黑色紅銅線28GA來取代鐵絲，可以省掉定期用油塗抹墜子的保養步驟。

15 珠鐵相連項鍊

這款簡單項鍊包含九條銀線鎖針編織鍊，
其中兩條還穿有黑膽石串珠。
所有的鍊子分別完成後，末端用標準純銀的鉤子統合一次聯結以便配戴。

工具

- 3.50mm（美規E號）鉤針
- 4.00mm（美規G號）鉤針
- 5.00mm（美規H號）鉤針
- 5.50mm（美規 I 號）鉤針
- 6.00mm（美規J號）鉤針
- 剪線鉗
- 焊接工具

材料

- 134顆黑膽石串珠，3mm直徑大小
- 純銀的六鉤串鉤
- 純銀線26GA（0.4mm），$1\frac{1}{2}$盎司（46.7g）
- 純銀線24GA（0.51mm），$1\frac{1}{2}$盎司（46.7g）

製作步驟

1. 把52顆黑膽石串珠先穿進26GA純銀線，用5.00mm不鏽鋼鉤針連編九個鎖針，之後繼續的每一針都穿進一顆黑膽石串珠，直到鍊子已經15吋（38.1cm）長為止。再編不含串珠的鎖針九針，這條鍊子可達約16吋（40.6cm）長。

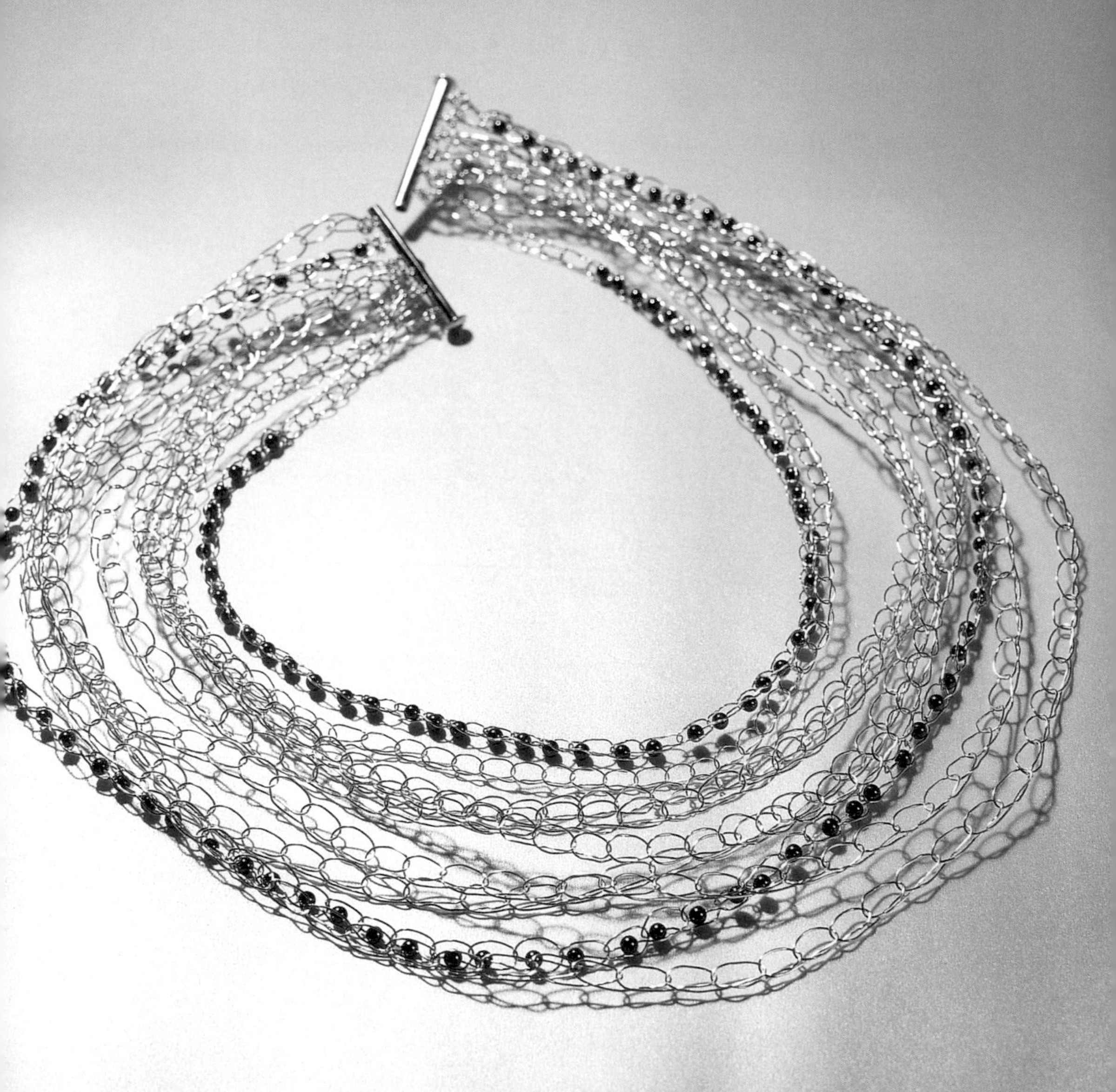

尺寸：8吋寬×11吋長（43.2cm×27.9cm）、內徑 5 吋（12.7cm）

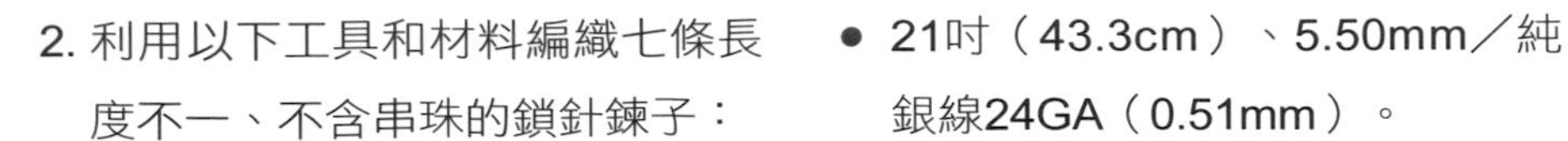

2. 利用以下工具和材料編織七條長度不一、不含串珠的鎖針鍊子：

- 18吋（45.7cm）、3.50mm／純銀線26GA（0.4mm）。
- 19吋（48.3cm）、4.00mm／純銀線24GA（0.51mm）。
- 20吋（50.8cm）、5.00mm／純銀線24GA（0.51mm）。
- 21吋（43.3cm）、5.50mm／純銀線24GA（0.51mm）。
- 22吋（55.9cm）、6.00mm／純銀線24GA（0.51mm）。
- 23吋（58.4cm）、6.00mm／純銀線24GA（0.51mm）。
- 25吋（63.5cm）、6.00mm／純銀線24GA（0.51mm）。

3. 把剩下的82顆黑膽石串珠先穿進24GA純銀線，用3.50mm鉤針連續鎖針，繼續的每一針都穿進一顆黑膽石串珠，直到鍊子已經24吋（61cm）長為止。
4. 利用每段預留尾端6吋（15.2cm）長度，把鍊子聯結在一起，並形成鍊飾的末端鉤環。
5. 把末端銀絲穿過鉤環，多繞幾圈固定後，剪去多餘的金屬絲。
6. 利用焊槍把多條銀絲切口燒成一個小球、或是藏在多條鍊子的束口裡。

注意事項

預留尾端 6 吋（15.2cm）後，起針滑結開始編織。直到每條鎖針編織分別完成後，一樣預留尾端 6 吋（15.2cm）後剪斷，將這段金屬絲穿過最後一個針目，整個拉緊收尾。

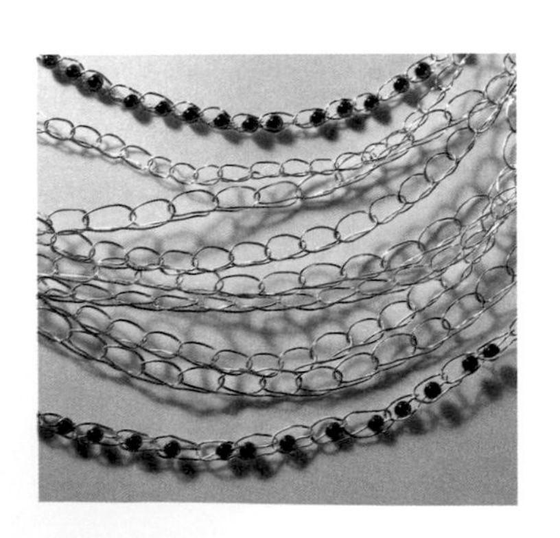

16 圓舞昇平胸針

耀眼高貴的銀珠圓盤，是串珠金屬絲編織作品最佳的詮釋；
藉著圓編的簡單短針，就這樣一圈又一圈的，
用鉤針把銀珠織進螺旋圓盤裡。
這些討喜的小銀圓珠也可以替換成珍珠和玻璃珠，
會有完全不一樣的效果。

工具

●管子或製手鐲的軸心　●1.90mm（美規5號）不鏽鋼鉤針
●焊接工具　●銼刀　●鑷子　●鋼絲刷　●剪線鉗　●清潔液
●2.00mm（美規4號）不鏽鋼鉤針

材料

●標準純銀線14GA（1.62mm），12吋（30.5cm）
●2個標準純銀的圓圈22GA（0.63mm），管徑 1/4 吋（6.0mm）
●純銀線28GA（0.33mm），大約0.5盎司（15g）
●純銀的串鉤、柄或別針　●90顆純銀串珠，直徑2mm

製作步驟

1. 把標準純銀線14GA，剪下12吋（30.5cm），以9 1/4 吋（23.5cm）長的線，做成3吋（7.6cm）直徑圓的圈環。利用管子或製手鐲的軸心把圓形

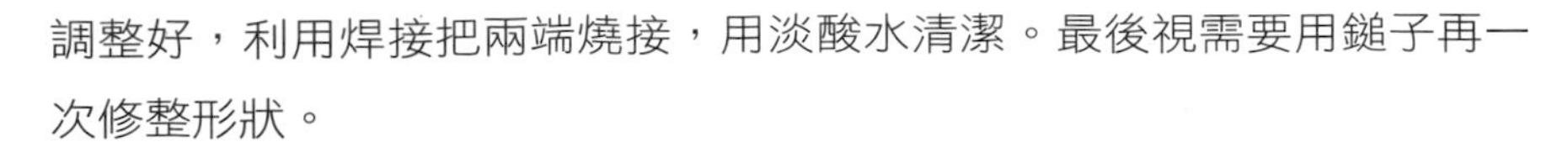

調整好，利用焊接把兩端燒接，用淡酸水清潔。最後視需要用鎚子再一次修整形狀。

2. 把二個標準純銀的22GA圓圈，一樣用利用焊接純銀的串鉤、柄或別針燒接，再用淡酸水清潔。把邊緣用銼刀磨平，鉤子確定是焊在圓圈正上方。
3. 利用簡單的焊接把小圓圈和3吋（7.6cm）直徑圓的圈環框燒接，用淡酸水清潔。用鋼絲刷和清潔液把圓框磨亮，放置一旁待用。
4. 把所有純銀串珠先穿進28GA純銀線，把銀線末端在2.00mm不鏽鋼鉤針柄上繞兩圈，做成一個兩股的圓圈。
5. 第一圈：在圓圈中央連做五個短針。
6. 第二圈：用1.90mm不鏽鋼鉤針，每針下二個短針並且把串珠編入（一共十針）。
7. 第三、四圈：每一針都是加了串珠的短針。
8. 第五圈：用不鏽鋼鉤針，每針下二個短針並且把串珠編入（一共二十針）。
9. 第六和七圈：每一針都是加了串珠的短針。
10. 第八圈：加入第二條純銀線，並且把兩股當一條繼續編織：＊先下一短針，第二針連續編兩個短針；自＊開始重複直到編織完一圈。（四十五針）。
11. 第九圈：每一針都是連續短針。
12. 第十圈：＊先下一短針，第二針連續編兩個短針；自＊開始重複直到編織完一圈（四十五針）。

直徑：$2^1/_4$吋（5.7cm）

13. 第十一圈：每一針都是連續短針。

14. 第十二圈：把圓框放在和圓盤編織背部相對的位置，每一針都下短針，把整個銀框繞一圈，使之與編織盤外緣相連接。

15. 剪斷銀線，留一段小尾巴穿進最後一個圈環拉緊。

16. 使用焊槍把銀絲切口燒成一個小球，或是藏在短針編織的針目裡。

進階變化

- 要讓整個圓盤組織大一些，在第六、七和八排多作幾針。
- 要讓圓頂更深，在第八和第十圈裡少加幾針。

17 真心知情項鍊

這款飾品自然又充滿生命，相當出色。
十六條末端聯結的鎖編鍊子加上珍珠、水晶和黑曜岩碎粒裝飾，
作法簡單，連初學編織者都易於上手。

工具

- 1.80mm（美規6號）不鏽鋼鉤針　●剪線鉗
- 3.25mm（美規0號）不鏽鋼鉤針

材料

- 鍍錫銅線，30GA（0.25mm），50碼長（45.7m）
- 鍍銀或上銀漆的鐵線，28GA（0.33mm），40碼長（36.6m）
- 28GA（0.33mm）黃銅線，40碼長（36.6m）
- 28GA（0.33mm）亮色銀漆線，40碼長（36.6m）
- 28GA（0.33mm）亮色金漆線，40碼長（36.6m）
- 28GA（0.33mm）亮色黃銅線， 40碼長（36.6m）
- 34GA（0.15mm）檸檬黃色銅線，125碼長（114.3m）
- 20GA（0.81mm）標準純銀線，12吋（30.5cm）
- 兩個小串環　●7顆黑曜岩　●8顆淡水珍珠　●12顆小白水晶
- 一個鍊頭的鉤子或 S 形鉤子

製作步驟

1. 將鍍錫銅線用1.80mm不鏽鋼鉤針起針滑結，編織17吋（43.2cm）和22吋（55.9cm）的兩段鎖針鍊圈。穿進5顆晶瑩剔透的白水晶，然後編織一段18吋長（45.7cm）的鎖針編，把水晶均勻地勾進組織裡。
2. 使用鍍銀或上銀漆的鐵線和1.80mm不鏽鋼鉤針編織。編21吋（53.5cm）和25吋（63.5cm）的鎖編各一。穿進 5 顆淡水珍珠粒，然後編織一段30吋長（76.2cm）的鎖針編；把珍珠均勻地勾進組織裡。
3. 使用黃銅線，和1.80mm不鏽鋼鉤針，編織一段18吋（45.7cm）長鎖針編。穿進7顆黑曜岩，然後編織一段25吋長（63.5cm）的鎖針編；把黑曜岩均勻地勾進組織裡。
4. 使用亮色銀漆線和3.25mm不鏽鋼鉤針，編織一段23吋（63.5cm）長的鎖針編。
5. 使用亮色金漆線、鐵線和3.25mm不鏽鋼鉤針編織以下：編織20吋（50.8cm）和25吋（63.5cm）的鎖針編。穿進 5 顆晶瑩剔透的白水晶，然後編織一段22吋長（55.9 cm）的鎖針編；把水晶均勻地勾進組織裡。
6. 使用亮色黃銅線和3.25mm不鏽鋼鉤針，編織一段24吋（61cm）長鎖編。穿進 3 顆淡水珍珠粒，然後編織一段21吋長（53.3cm）的鎖針編；把珍珠均勻地勾進組織裡。
7. 使用檸檬黃銅線和3.25mm不鏽鋼鉤針，編織一段20吋（50.8cm）和一段25吋長（63.5cm）的鎖針編。
8. 每一條編織完成的鎖針編，穿過最後一個針目並整個拉緊收尾。
9. 剪一段6吋（15.2 cm）長的標準純銀線，自末端彎一個一吋（2.5cm）的小圈。

尺寸：7吋寬× 9吋長× $1^1/_2$ 吋高
（17.8×22.9×3.8cm）

10. 藉著這些完成鎖針編的各式鍊條的最一個鎖針，穿過這小銀圈作聯結。把小銀圈的短邊環繞幾圈這些鍊條綑緊。

11. 把小銀圈長的那段穿過一個鉤子，把粗銀線彎成四十五度作一個圈並穿進連接環或是小鉤，把銀線末端繞幾下線本身以免圈子鬆脫，多餘的長度用剪線鉗剪斷。

12. 重複步驟9到11，把其他鍊子末端做個收尾。

13. 最後加一個開關鉤或 S 形鉤子以便配戴。

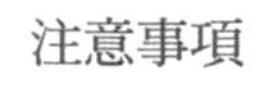

注意事項

每條鍊子編織都是起針滑結，尾端預留 6 吋（15.2 cm）長的金屬絲；連續編織完每一條鍊子，除了預留的部份通通剪掉：把所有的 6 吋尾巴一齊穿過最後一個針目，並整個拉緊收尾，多餘的長度再用剪線鉗剪斷。

18 時尚銀圈項鍊

由紅銅線和金屬墊圈搭配成，風格前衛，
而用來聯接墊圈和鍊子的半長針是非常特殊的。
寬鬆的編織組織輕易就可以套過頭來配戴。

工具

●4.00mm（美規G號）鉤針　●剪線鉗　●縫衣針　●吹風機

材料

●30GA（0.25mm）銅線、顏色任選，70碼長（64m）

●125個金屬墊圈，圓環或是任意取得的圈套零件（孔道足以讓鉤針穿過）

製作步驟

1. 用4.00mm鉤針和任意色紅銅線，起針滑結，預留10吋（25.4cm）長度稍後用來把末端縫合用。
2. 連續鎖編125針。
3. 之後編連續半長針。
4. 翻面後繼續編織半長針，而不是像一般編織成排時，換面就把整個編織一起翻轉過來。你現在編織的部分是項鍊背面。
5. 先按以下說明編織一排墊圈：＊掛線引拔，鉤針要穿進下一針眼時，先穿進一個墊片，一樣鉤線作一針。自＊開始重複到編完一整排。編到快到盡頭時，照步驟 4 翻面後繼續編半長針。

6. 持續做單鉤背線的半長針。
7. 兩個鎖針後剪斷金屬絲，尾端預留 6 吋（15.2 cm）長。最後將這段金屬絲穿過最後一個針目，整個拉緊收尾。
8. 把整段編織物放在桌面形成項鍊，利用雙手做形狀調整。
9. 用縫衣針把金屬絲末端縫進項鍊的組織裡。
10. 把金屬絲剪斷，確定把末端藏在針目中，也就是正面組織的右邊。配戴時才不會戳傷肌膚。
11. 用雙手手指細心地把項鍊塑形，把鍊子編織拉出來。直接套進頭來，把組織撐開來配戴。（如果你的編織成品較硬，可以用吹風機吹軟定型）

進階變化

- 任何手邊的零件墊圈，只要適合戴在身上都可以用來當編織飾物。只是記得要選重量不造成負擔的，把125個墊圈一次拿在手上惦重量來衡量。
- 為了增加裝飾效果，可以找尺寸材質不同的墊圈。
- 如果你不想直接套頭的方式，可以在兩頭末端加上鉤子。

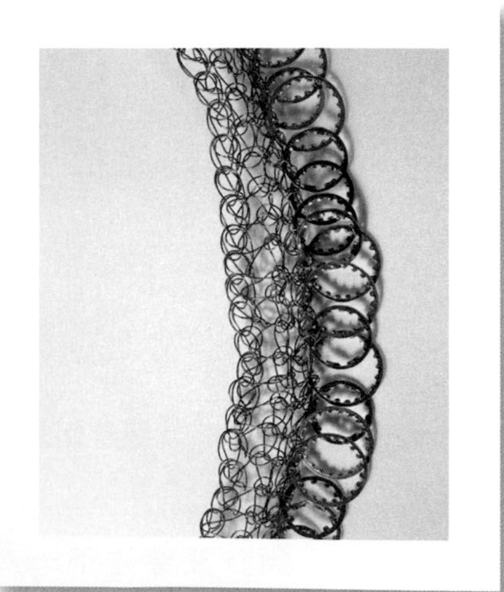

尺寸：26 吋長（66cm）

19 金銀玉珀手鐲

多樣顏色和尺寸的各式晶石，
讓這個手鐲充滿魅力。
兩片金屬絲編織分別完成，再互相套住，把邊緣縫在一起來合而為一。

工具

●3.50mm（美規E號）鉤針　●剪線鉗　●縫衣針

材料

●297顆琥珀串珠，6或 7mm大小

●噴金漆線或是鍍金線，28GA（0.33mm）、0.32盎司（10g）

●279顆紅玉、紫水晶、黃綠水晶的串珠，6或7mm大小

●純銀線28GA（0.33mm），0.32盎司（10g）

製作步驟

1. 先用線編織琥珀串珠，先把所有琥珀串珠穿進金色金屬絲。

2. 起針滑結。

3. 連續作三十三個鎖針，每針都將串珠直接織進去。

4. 用滑針形成一個圓圈，這就是手鐲的第一圈。

5. 一個鎖針＊，做一個單鉤裡線的短針，每一針都穿進一顆串珠。從＊開始

尺寸：$3^1/_2$×$3^1/_2$×$2^1/_4$吋（8.9×8.9×6cm）

重複連續織八圈短針，並且把297顆琥珀串珠通通織進去（包括第一排基底）。

6. 尾端預留10吋（25.4cm）長。最後將這段金屬絲穿過最後一個針目，纏繞二到三圈後拉緊收尾。
7. 再編另外一片組織，把紅玉髓、紫水晶、黃或綠水晶等等充分混合，把所有串珠穿進純銀絲。
8. 重複步驟2到4，一共編織31個鎖針來製作第一排基底。並重複步驟5到6來編織一共9排短針，把279顆各式各樣的串珠都織進去。
9. 把銀絲編織放進金絲編織成品裡，所以外面看來，純銀絲編織是看不到的。
10. 把這兩片組織排列整齊，讓尾端預留10吋（25.4cm）長的金屬絲在相對方向；使用縫衣針把這內外兩片組織從邊緣縫合。
11. 把這兩條金屬絲末端互搓三次，剪去多餘的線，把線頭埋進編織手鐲的針目裡。

20 繁花似錦圍巾

獨特又出色的編織圍巾，
用單一顏色的紅銅線和九種顏色的串珠組合而成。
以特殊的金絲穗纓和荷葉飾邊的編織針法加以強化，
這款作品充滿挑戰，成品也絕對令人滿意。

工具

●5.50mm（美規 1 號）鉤針 ●剪線鉗 ●穿珠器

●小支鉤針和細籤用以計算針數

材料

●28GA（0.33mm）任意色的銅線，160碼長（146.3m）

●任選九種顏色的串珠，9.6盎司（298g），尺寸任意只要可以符合銅線尺寸

製作步驟

1. 視需要參考次頁插圖的圖示。將銅線用鉤針做滑結，編織一段十鎖針的圍巾（橫向加串珠）。
2. 第一圈：接著用鎖針編一段有串珠的短針（24吋、61cm），再編一鎖針、換排。
3. 第二圈：編一段有串珠的短針（24吋、61cm），編一鎖針、換排。
4. 第三到五圈：編一段短針（不含珠），編一鎖針、換排。

尺寸：36×5吋（91.4×12.7cm）

（長方形裡有×）=3 圈有串珠
（長方形裡沒有×）=3 圈不含串珠
編織 SC = 短針編織

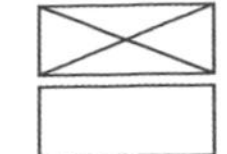

注意事項

1. 開始編織之前：先穿好一段57吋（144.8cm）長的任一色串珠，還有16¾ 吋（42.5cm）長的第二色串珠，稍後作荷葉飾邊用。

2. 把剩下的串珠按照以下說明穿進銅線：先確認銅線的長度足夠穿兩次串珠，以便編織結束做收尾。如果你用的是散裝的串珠，用穿珠器把串珠穿好，線尾彎作鉤子以免珠子掉落。串珠如果是一束的，切記注意在未穿進銅線前，束繩是打好結的：必要時利用穿珠針把串珠移到銅線上。

3. 在本作品中，當製作說明提到鉤進串珠，意思是要穿進一長串珠子，使金屬絲裡排滿串珠；而其他編織時，在穿珠的銅線上下針，與銅線的正常編織法一樣。

4. 編織時下針要多點空隙，若銅線扯斷，表示鉤針拉得過緊。均衡一致的針法來自不斷的練習。視需要穿進小支鉤針和細籤用以計算針數，或調整形狀。

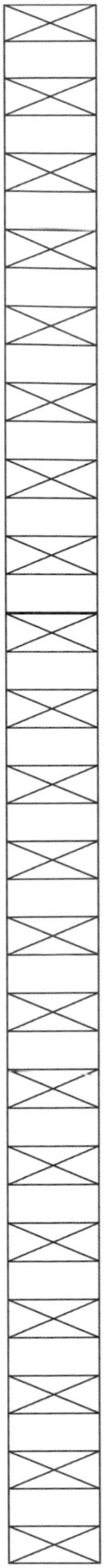

如何清潔銀線編織飾品

圈數	編法
109、110、111	有珠SC
106、107、108	無珠SC
105	有珠、織邊
102、103、104	無珠SC
99、100、101	有珠SC
96、97、98	無珠SC
95	有珠、織邊
92、93、94	無珠SC
89、90、91	有珠SC
86、87、88	無珠SC
85	有珠、織邊
82、83、84	無珠SC
79、80、81	有珠SC
76、77、78	無珠SC
73、74、75	有珠SC
70、71、72	無珠SC
67、68、69	有珠SC
64、65、66	無珠SC
61、62、63	有珠SC
58、59、60	無珠SC
55、56、57	有珠SC
52、53、54	無珠SC
49、50、51	有珠SC
46、47、48	無珠SC
43、44、45	有珠SC
40、41、42	無珠SC
37、38、39	有珠SC
34、35、36	無珠SC
31、32、33	有珠SC
28、29、30	無珠SC
27	有珠、織邊
24、25、26	無珠SC
21、22、23	有珠SC
18、19、20	無珠SC
17	有珠、織邊
14、15、16	無珠SC
11、12、13	有珠SC
8、9、10	無珠SC
7	有珠、織邊
4、5、6	無珠SC
1、2、3	有珠SC

5. 第六圈：按照以下說明編織金絲穗纓：編三鎖針不含珠，＊穿進十個串珠，掛線十次、把鉤針穿入下一針，一次穿過所有針目加一鎖針完成一針。從＊開始重複八次，加二鎖針換排。
6. 第七到九圈：重複第三圈作法編一段短針（不含珠）。
7. 第十圈：編一段含串珠的短針，再編一鎖針、換排。

8. 第十一到十二圈：編一段專鉤背線含串珠的短針，再編一鎖針、換排。
9. 第十三到十五圈：重複第三圈作法編一段短針（不含珠）。
10. 第十六圈：按照第六圈做法說明編織金絲穗纓（含珠）。
11. 第十七到十九圈：重複第三圈作法編一段短針（不含珠）。
12. 第二十到二十二圈：重複第十到十二圈作法。
13. 第二十三到二十五圈：重複第三圈作法編一段短針（不含珠）。
14. 第二十六圈：按照第六圈做法說明編織金絲穗纓（含珠）。
15. 第二十七到二十九圈：重複第三圈作法編一段短針（不含珠）。
16. 第三十到三十二圈：重複第三圈作法編一段短針（不含珠）和四、五圈（含珠）。

17. 第三十三到三十五圈：重複第十一圈作法編一段短針和十二、十三圈（不含珠）。
18. 第三十六到八十三圈：重複第三十到三十五圈作法共八次。
19. 第八十四圈：按照第六圈做法說明編織金絲穗纓（含珠）。
20. 第八十五到八十七圈：重複第三圈作法編一段短針（不含珠）。
21. 第八十八到九十圈：重複第三圈作法編一段短針（不含珠）和四、五圈（含珠）。
22. 第九十一到九十三圈：重複第十到十二圈作法。
23. 第九十四圈：按照第六圈做法說明編織金絲穗纓（含珠）。
24. 第九十五到九十七圈：重複第三圈作法編一段短針（不含珠）。
25. 第九十八到一百圈：重複第三圈作法編一段短針（不含珠）和四、五圈（含珠）。
26. 第一百零一到一百零三圈：重複第三到五圈作法編一段短針（不含珠）。
27. 第一百零四圈：按照第六圈做法說明編織金絲穗纓（含珠）。
28. 第一百零五到一百零八圈：重複第三圈作法編一段短針（不含珠）。
29. 第一百零九到一百一十圈：重複第三圈作法編一段短針（不含珠）和四、五圈（含珠）。
30. 編織圍巾邊緣：在圍巾的頂端起針處，用銅線掛線引拔，編一鎖針。
31. 第一圈：整個外緣用短針織一圈，轉角處用三個短針，以滑針相接起始處。不加鎖針。

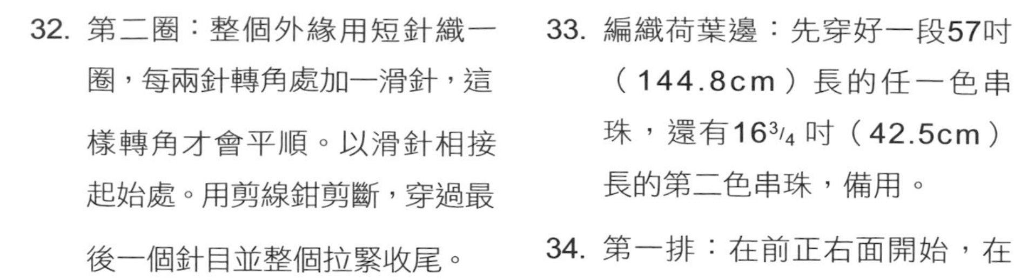

32. 第二圈：整個外緣用短針織一圈，每兩針轉角處加一滑針，這樣轉角才會平順。以滑針相接起始處。用剪線鉗剪斷，穿過最後一個針目並整個拉緊收尾。

33. 編織荷葉邊：先穿好一段57吋（144.8cm）長的任一色串珠，還有$16^{3}/_{4}$吋（42.5cm）長的第二色串珠，備用。

34. 第一排：在前正右面開始，在右邊角開始作一環，穿過圍巾窄面第一針，以帶串珠的滑針開始編織每一針。

35. 第二排：一鎖針後換排，四鎖針後跳一針，下一針加一短針。從開始重複到另外一邊，下一滑針。用剪線鉗剪斷，穿過最後一個針目並整個拉緊收尾。把末端編進去串珠裡2吋（5.1cm），儘可能剪短。

36. 重複步驟33到35，把圍巾的另外一端完成。

21 紫薇迴旋項鍊

看似複雜的3D立體結構，
遠比想像容易製作，
只要一排長針加上幾針鎖針，
簡約中帶時尚感。

工具

●3.75mm（美規F號）鉤針　●剪線鉗

材料

●28GA（0.33mm）螢光粉紅色紅銅線，114g、約500呎長（152.4m）

●28GA（0.33mm）紫色紅銅線，114g、約500呎長（152.4m）

製作步驟

1. 編織時注意適時把織物順時鐘旋轉，讓圓形編織順暢。使用不鏽鋼鉤針和兩種顏色的線當一股，起針滑結，編織183個鎖針。
2. 跳過三個鎖針，在鉤針上的第四針下五個長針。下一段再下六個長針。
3. ＊連續做五個長針後，再下六個長針。從＊開始重複直到剩兩個鎖針未完成。先不要剪斷金屬絲。
4. 編十五個鎖針，把這段繞過剛跳過的鎖針形成一個圈；以一個滑結做連接，將這個圓圈巧妙地穿過其他螺旋編織，做一個結束。

尺寸：25x1吋（63.5 x 2.5 cm）

5. 剪斷金屬絲，將這一段金屬絲端穿過最後一個針目，整個拉緊收尾。
6. 把尾巴縫回去 2 吋（5.1cm），再儘可能把末端剪短。

進階變化

這款項鍊也可以用鉤子固定，只要將鉤子縫在螺旋鍊子末端即可。

22 情戀銀鎖項鍊

波浪形狀，來自短針編織時固定間隔針數的增減。
唯一的難度在於成品要略具鑲嵌技術和熟悉焊接實務，
以便固定磁扣來固定佩戴。
當然你也可以加長項鍊長度，直接套頭戴上。

工具

- 1.80mm（美規6號）不鏽鋼鉤針　●縫衣針　●不鏽鋼尖鑽子
- 半吋（1.3cm）直徑的木釘　●焊接工具　●加工器具　●快乾膠

材料

- 2 個圓形磁扣，直徑 1/4 吋（6mm），厚 1/8 吋（3mm）
- 18GA（1.01mm）標準純銀片，1/8 ×1 3/4 吋（3mm×4.4cm）
- 24GA（0.51mm）標準純銀片，3/4 ×1 1/2 吋（1.9×3.8cm），剪成兩塊備用
- 外徑7mm、符合成品內徑24GA（0.51mm）標準純銀管，1 吋（2.5 cm）長
- 外徑1.4cm、 24GA（0.51mm）標準純銀管，1 吋（2.5 cm）長

製作步驟

1. 使用1.80mm不鏽鋼鉤針針和純銀線起針滑結，預留6吋（15.2cm）尾端，用來縫合第一圈作為管狀編織的結束。連續十七鎖針，以滑針連接頭尾形成一個圈。

尺寸：$19^1/_2$吋長（49.5cm）

2. 第一圈到第七圈：一鎖針並且連續短針，最後都以滑針連接頭尾形成一個圈。

3. 自第八圈開始，按照以下針法編織成管狀：（大、小圈編法，參照130頁之注意事項）

小圈
5圈短針
小圈
4圈短針
小圈
4圈短針
大圈
3圈短針
小圈
5圈短針
大圈
4圈短針
大圈
7圈短針
小圈
3圈短針
小圈
4圈短針
大圈
3圈短針
小圈
4圈短針
小圈
4圈短針
大圈
3圈短針

大圈
4圈短針
小圈
4圈短針
小圈
4圈短針
小圈
3圈短針
小圈
7圈短針
大圈
4圈短針
大圈
5圈短針
小圈
3圈短針
大圈
4圈短針
小圈
4圈短針
小圈
5圈短針
小圈
7圈短針

進階變化

- 可以加長管狀編織來使項鍊更長，最後將頭尾兩端縫合再直接套頭配戴。
- 項鍊的波動不須對稱，大小圈的先後順序可由你自己決定。
- 想要在項鍊上多點色彩，在管狀織物完全拉開後，可在邊緣加綴一排上漆紅銅線短針編織。留意不要把針鉤得過緊，那會緊縮管鍊的尺寸。

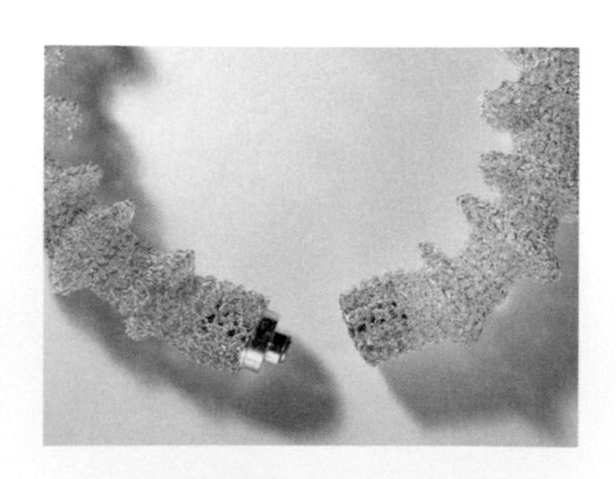

4. 預留6吋（15.2mm）長度，最後將這段金屬絲穿過最後一個針目，整個拉緊收尾。用縫衣針把金屬絲末端縫進項鍊的組織裡。
5. 利用不鏽鋼尖鑽子，把半吋直徑的木釘插進整段管狀組織，細心地把所有編針展開，一直到整條項鍊的輪廓線條已經讓你滿意為止。
6. 利用18GA標準純銀片，來作兩個磁扣的底座。如圖一，在24GA標準純銀片上，焊上一個底座。
7. 把 1 吋長的24GA標準純銀管剪成半吋長。
8. 如圖二：把這一段銀管焊成套上銀底座，這已經完成一半。把多餘部份鋸掉，用銼刀磨平並清潔過。
9. 如圖三：在3/4吋長的24GA標準純銀片上，再焊上一個底座。
10. 如圖四：把一段較小的銀管焊上銀底座，把多餘部份鋸掉，用銼刀磨平並清潔過。

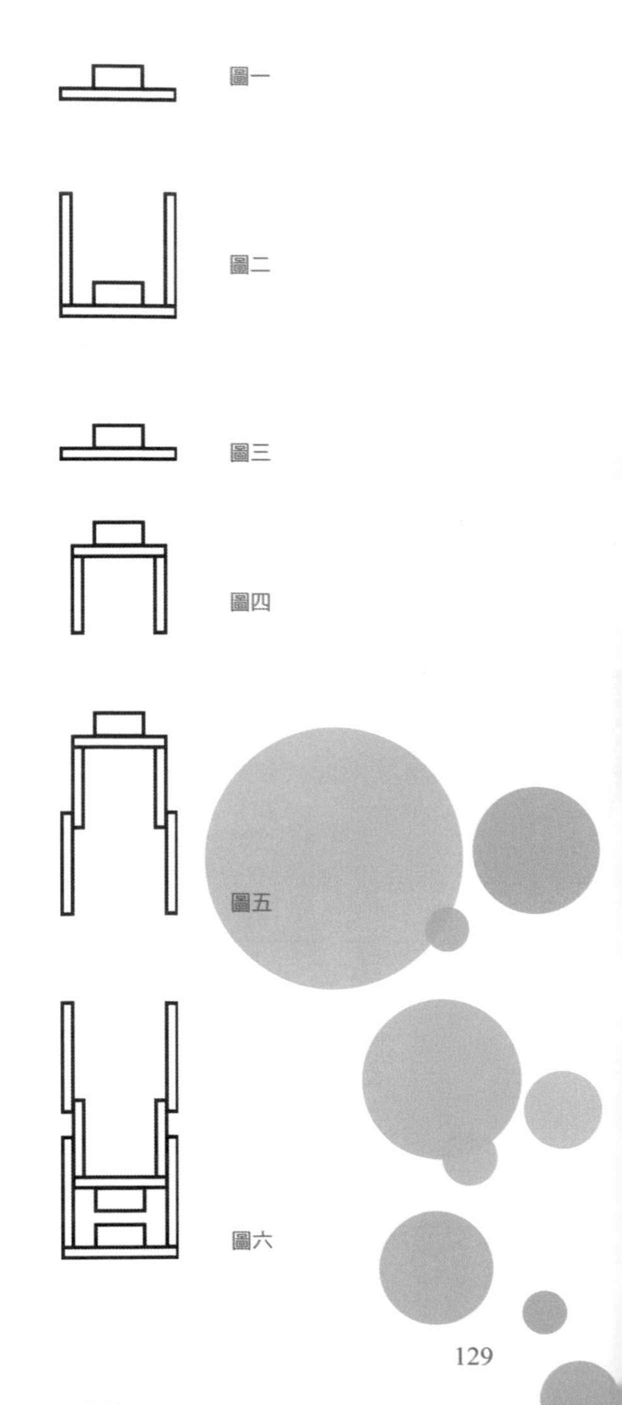

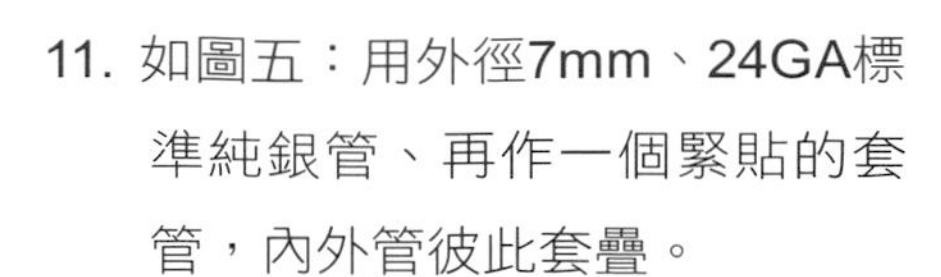

11. 如圖五：用外徑7mm、24GA標準純銀管、再作一個緊貼的套管，內外管彼此套疊。

12. 如圖六：在兩個底座上安上磁鐵，藉著磁鐵吸力試著關一下。

13. 把半吋長的24GA標準純銀管穿進更小的管，直到底端互相碰觸。把磁鐵移開，把銀管鋸掉，銼刀磨平並清潔過。再把磁鐵黏在固定的地方，也把這個自製磁鉤黏在管狀組織裡。

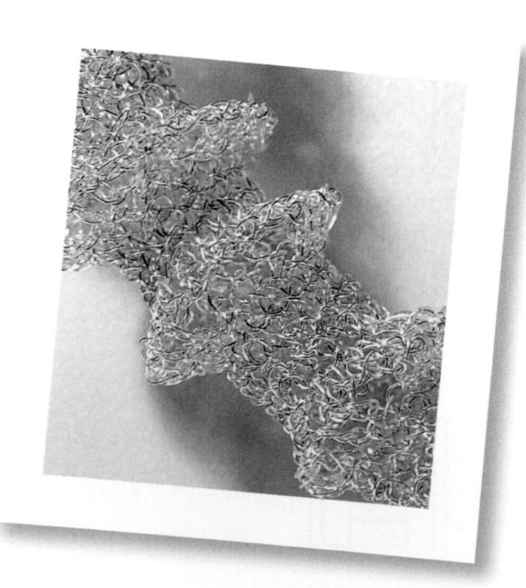

注意事項

這一款示範作品是以編織管子時大小不一的圓圈，以不同頻率間隔組合而成，為了避免使得製作說明過份冗長，編織大小不一的圓圈的方式在以下註明：所以在步驟中寫的大圈或小圈，就不會難倒你了。

1. 編小圈

   第一圈：兩個鎖針，＊先下三個長針，下一針再作兩個長針。從＊重複三次：滑針和起頭的鎖針連接（一共是二十一針）。第二圈：兩個鎖針，＊先下四個長針，跳一針。從＊重複三次：滑針和起頭的鎖針連接（一共是十七針）。

2. 編大圈

   第一圈：兩個鎖針，＊先下三個長針，下一針再作兩個長針。從＊重複三次：滑針和起頭的鎖針連接（一共是二十一針）。第二和三圈：兩個鎖針，下長針一直到編完一圈：滑針和起頭的鎖針連接。第四圈：兩個鎖針，＊先下四個長針，跳一針。從＊重複三次：滑針和起頭的鎖針連接（一共是十七針）。

23 伊麗莎白領飾

這款領飾創意來自英女王伊麗莎白時期風行的衣領。
這款領飾包含用修改過的愛爾蘭鉤針編織法，
金屬絲固定在框架上分別用短針織出的九片成品。
雖然圖案和結構都不難，做出來的飾品卻令人驚豔！

工具

●3.50mm（美規E號）鉤針　●剪線鉗　●縫衣針　●鑽子

材料

●28GA（0.33mm）紅色紅銅線，500呎長（152.4m）

●28GA（0.33mm）橘色紅銅線，500呎長（152.4m）

●14GA（1.62mm）標準紅銅線，做扣環鉤子用

製作步驟

1. 分別編織九片不同的蕾絲：以鉤針用紅色和橘色14GA銅線一起編織，起針滑結編織一段共91鎖針。
2. 第一排：跳過六個鎖針，把鉤針穿進第七針下一短針。再接三個鎖針，再一次把鉤針穿進基座的第七針，下一短針：鉤針上應該只有一個圈環，而且三個鎖針應該形成一個橢圓形。下五個鎖針，跳過最靠近橢圓

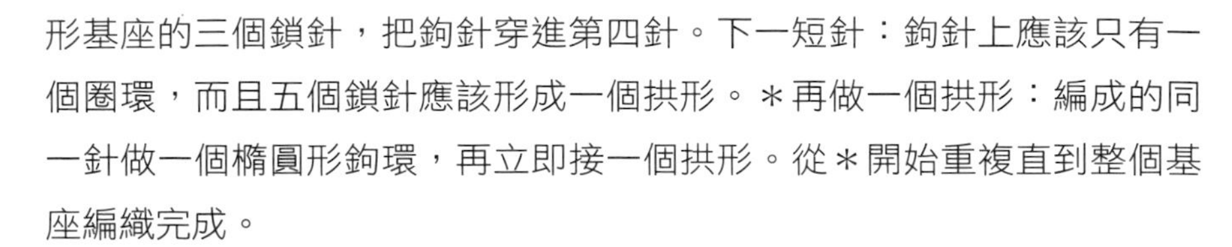

形基座的三個鎖針，把鉤針穿進第四針。下一短針：鉤針上應該只有一個圈環，而且五個鎖針應該形成一個拱形。＊再做一個拱形：編成的同一針做一個橢圓形鉤環，再立即接一個拱形。從＊開始重複直到整個基座編織完成。

3. 第二排：前一圈編完之後，下 7 個鎖針，並且把鉤針穿進上一個拱形的第三針，這就是第二圈的開始。以編第一圈的方式去進行第二圈，以橢圓形鉤環搭拱形勾交替。唯一的不同是拱形會跨越第一排頂端的拱形，而非從基座的鎖針組織。
4. 第三排：重複第二圈一樣的製作方式。
5. 第四排：下 9 個鎖針並且把鉤針穿進上一個拱形的第三針，這就是第四圈的開始。重複第三圈一樣的製作方式，只是用四個鎖針來形成一個橢圓形，然後七個鎖針應該形成一個拱形。
6. 第五、六排：重複步驟 5 製作第四圈的方式兩次，只是原來拱形的頂端是第四針而非第三針。
7. 第七排：下 11 個鎖針，並且把鉤針穿進上一個拱形的第四針，重複前述步驟製作各圈的方式，只是用四個鎖針來形成一個橢圓形，然後九個鎖針應該形成一個拱形。
8. 第八排：重複第七圈一樣的製作方式，只是原來拱形的頂端是第五針而非第四針。
9. 第九排：連上第二條的橘色銅線，重複步驟 8 製作第八排的方式。
10. 預留 3 吋（7.6cm）尾端後，剪去金屬絲。將這段金屬絲穿過最後一個針目，整個拉緊收尾。
11. 使用3.50mm不鏽鋼鉤針搭配兩股橘色銅線，預留 3 吋（7.6cm）尾端後編織一段12針的鎖針。

尺寸：12×12×2 吋（30.5×30.5×5.1 cm）

12. 第一排：跳過一鎖針，開始連鎖針編織一整排短針，下一鎖針再換一排。
13. 第二排：跳過一鎖針，開始連鎖針編織一整排短針，下一鎖針再換一排。

注意事項

愛爾蘭鉤針編織法是橢圓形鉤環搭拱形勾，隨著編織進度針目越來越大的一種針法。拱形組成每一層組織結構，而橢圓形鉤環則是拱形間的裝飾元素。橢圓形鉤環在拱形編成的同一針形成。

14. 重複第二排的製作方式，一直編織到整個骨架已經有13 1/2吋（34.3cm）長。剪去金屬絲：將這段金屬絲穿過最後一個針目，整個拉緊收尾。
15. 使用一股橘色銅線來把一片片成品縫在骨架上，注意成品之間的距離要平均。如要節省時間可一次縫兩片：把編織完的金屬絲末端編入組織藏好。
16. 使用14GA的銅線作一個穿戴用的鉤環：一個2吋（5.1cm）的圈環搭配1 3/4 吋（4.4cm）的鉤子。在編織好的成品鑽幾個洞，以便牢固地縫在骨架上。
17. 使用橘色銅線和縫衣針，把穿戴用的鉤環縫在骨架上。在距離最後一針約 3 吋（7.6cm）處剪去金屬絲，再纏繞最近的針目幾圈綁好，剪短後盡可能地藏在組織中。

24 秀腕纖纖手環三款

這款輕巧的手鐲是由編織框作成的：
鉤針、綜合金屬絲和一個金屬編織框架，就這麼簡單。
藉由隨意變動框架的大小和色澤，就可以讓手鐲成品也換個樣子。
以下示範三款不同的作品，附帶詳細作法説明。

深紫蕾絲編織手鐲

工具

●1吋（2.5cm）寬的編織框　●剪線鉗　●鈍針

●3.50mm（美規00號）不鏽鋼鉤針　●縫衣針

材料

●28GA（0.33mm）深紫色銅線，40碼長（36.6m）

●28GA（0.33mm）紫丁香色銅線，40碼長（36.6m）

●28GA（0.33mm）淺紫色銅線，40碼長（36.6m）

製作步驟

1. 三色金屬絲各拿一股，一起固定在編織框 1 吋（2.5cm）上，預留6吋（15.2cm）尾端。
2. 使用鉤針，編織一段37針、約 $8^1/_2$ 吋（21.6cm）長的鎖針。
3. 將這三股金屬絲穿過最後一個針目，整個拉緊收尾。完成後，把這段編織成品自編織框拿下來。

4. 使用任意色的金屬絲和縫衣針，把中央編織物段頭尾縫在一起，形成一個圈環。

5. 把紫丁香色和淺紫色金屬絲一起揉成一股，編一圈短針，結束時編入步驟 3 編織成品外緣較大針目。

6. 預留 6 吋（15.2cm）尾端後，剪去金屬絲。將這段金屬絲穿過最後一個針目，整個拉緊收尾。編織完的末端線用鈍針編入組織，確定把末端藏好。

深紫蕾絲編織手鐲
尺寸：3 吋內徑×1 吋寬（7.6 x 2.5cm）

7. 重複步驟5～6，把手鐲其他三邊都做好。

嫣紅蕾絲編織手鐲

工具

- 3吋（7.6cm）寬編織框 ●剪線鉗
- 5.00mm（美規H號）鉤針
- 縫衣針 ● 鈍針

材料

- 28GA（0.33mm）深紅色銅線，40碼長（36.6m）
- 28GA（0.33mm）金色銅線，40碼長（36.6m）
- 28GA（0.33mm）粉紅色銅線，40碼長（36.6m）
- 28GA（0.33mm）棕色銅線，40碼長（36.6m）

製作步驟

1. 每色金屬絲各拿一股，一起固定在編織框上，尾端預留6吋（15.2cm）。

2. 使用鉤針，編織一段30個針、約

嫣紅蕾絲編織手鐲

尺寸：3 吋半內徑×3 吋半寬（8.9×8.9cm）

$8\frac{1}{2}$吋（21.6cm）長的鎖針。

3. 預留6吋（15.2cm）尾端後剪斷，將金屬絲穿過最後一個針目，整個拉緊收尾。完成後，把這段編織成品自編織框拿下來。
4. 使用任意色的金屬絲和縫衣針，把中央編織物段頭尾縫在一起，形成一個圈環。
5. 第一圈：使用鉤針，搭配 2 條深紅色銅線和 1 條粉紅色的，一起編織一圈短針。結束時編入步驟 3 編織成品外緣較大的針目，滑針做聯結。
6. 第二圈：編一圈短針，最後一針以滑針與第一針做聯結。
7. 預留6吋（15.2cm）尾端後剪斷，將金屬絲穿過最後一個針目，整個拉緊收尾；編織完的末端線用鈍針編入組織，確定把末端藏好。
8. 重複步驟 5 到 7，把手鐲其他三邊都做好。

雙層蕾絲編織手鐲

工具

- 2吋（5.1cm）寬的簪形鉤蕾絲編織框
- 剪線鉗
- 5.00 mm（美規H號）鉤針
- 縫衣針
- 鈍針

材料

- 28GA（0.33mm）紫色銅線，500呎長（152.4m）
- 28GA（0.33mm）紫蘿蘭色銅線，500呎長（152.4m）
- 28GA（0.33mm）金色銅線，500呎長（152.4m）
- 28GA（0.33mm）橘色銅線，40碼長（36.6m）
- 28GA（0.33mm）原色銅線，40碼長（36.6m）

製作步驟

1. 先分別做兩條織物成品。紫色、紫蘿蘭和金色三色金屬絲各拿一股，一起固定在編織框2吋（5.1cm）上，預留 6 吋

（15.2cm）尾端。

2. 使用5.00mm鉤針，編織一段30針、8½吋（21.6cm）長的鎖針。
3. 預留6吋（15.2cm）尾端後剪斷，將金屬絲穿過最後一個針目，整個拉緊收尾。完成後，把這段編織成品自編織框拿下來。
4. 金色、橘色和原色三色金屬絲各拿一股，用鉤針編織一圈，同時鉤兩圈的滑針（一圈正常針，一圈來自外線），把這片織物兩端聯合。會讓手鐲的高度雙倍增高。
5. 把金色、橘色和原色三色金屬絲穿進縫衣針，把中央編織物段頭尾縫在一起，形成一個圈環。
6. 第一圈：以紫色、紫蘿蘭和金色三色金屬絲，用鉤針編織一圈短針。結束時編入編織框的編織成品外緣較大的針目，以滑針做聯結。
7. 第二圈：以金色、橘色和原色三色金屬絲，用鉤針編織一圈短針。結束時編入編織框編織那段成品之外緣較大的針目，滑針做聯結。
8. 預留6吋（15.2cm）尾端後剪斷。將金屬絲穿過最後一個針目，拉緊收尾。編織完的末端線用鈍針編入組織，確定藏好末端。
9. 重複步驟 6～8，把手鐲其他邊外緣都做好。

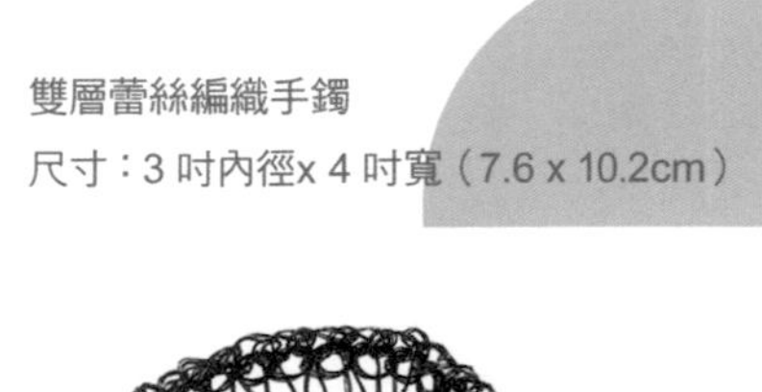

雙層蕾絲編織手鐲

尺寸：3 吋內徑x 4 吋寬（7.6 x 10.2cm）

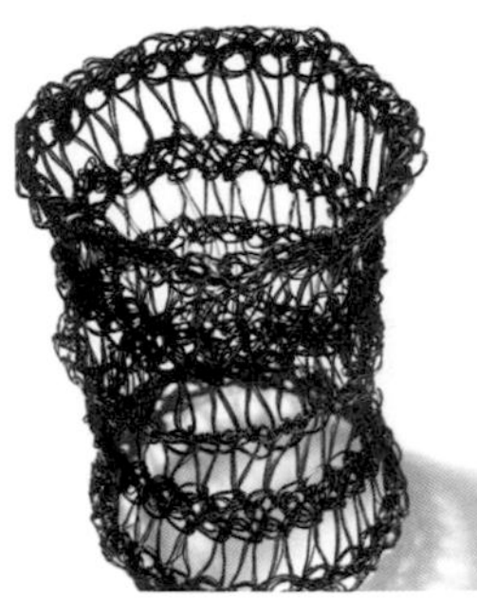

25 圓扣領巾頸飾

用深淺雙色的銀絲編織而成，是便捷簡單的款式：
兩條簪形鉤蕾絲成品，
用圓扣在交集處，固定成一個帥氣的短領飾物。

工具

●編織框　●剪線鉗　●焊接工具　●縫衣針

●1.65mm（美規7號）不鏽鋼鉤針　●2.25mm（美規2號）不鏽鋼鉤針

材料

●32GA（0.20mm）棕色銅線，100碼長（91.4m）

●30GA（0.25mm）純銀線，1/4盎司（7.8g）

●大圓扣（用來扣上兩片組織）

製作步驟

1. 分別編織兩條組織：把棕色紅銅線纏在編織框上，預留6吋（15.2cm）尾端。
2. 使用1.65 mm不鏽鋼鉤針，編織一段125個鎖針、約15吋（38.1cm），完成後，把這段編織成品自編織框拿下來。
3. 使用2.25mm不鏽鋼鉤針和純銀線30GA（0.25mm），把每片組織的兩端以下述方式聯合：＊一次穿過兩個圈環，做成環結（兩片各一個圈環）；從＊開始重複，一直到整條長度都編完。那可以讓整個領片變成兩片織物般寬。

尺寸：14$^{1}/_{2}$吋×1$^{5}/_{8}$吋（36.8× 4.1cm）

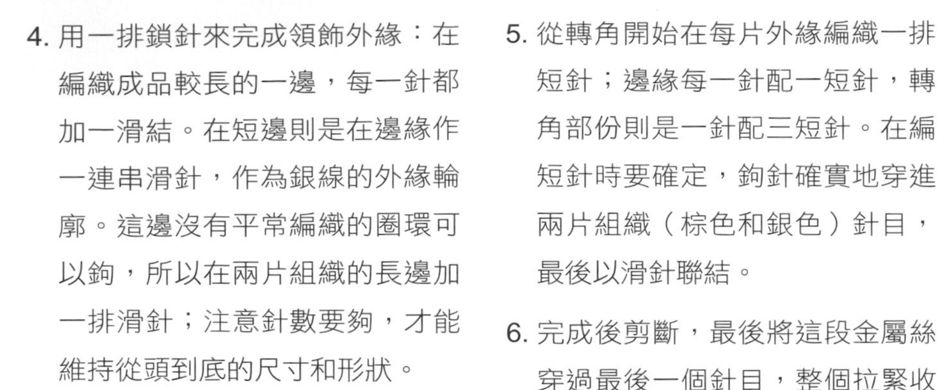

4. 用一排鎖針來完成領飾外緣：在編織成品較長的一邊，每一針都加一滑結。在短邊則是在邊緣作一連串滑針，作為銀線的外緣輪廓。這邊沒有平常編織的圈環可以鉤，所以在兩片組織的長邊加一排滑針；注意針數要夠，才能維持從頭到底的尺寸和形狀。

5. 從轉角開始在每片外緣編織一排短針；邊緣每一針配一短針，轉角部份則是一針配三短針。在編短針時要確定，鉤針確實地穿進兩片組織（棕色和銀色）針目，最後以滑針聯結。
6. 完成後剪斷，最後將這段金屬絲穿過最後一個針目，整個拉緊收尾。
7. 使用2.25mm不鏽鋼鉤針和純銀線30GA（0.25mm），編一段長針做為扣子的鉤環，再把鉤環的銀絲尾端利用縫衣針，來縫進編好的領子組織裡。
8. 把大圓扣子縫在鉤環對面（離邊緣$1\frac{1}{2}$吋），所以當領片扣上時兩個領子是略微重疊的。
9. 把編織完扣子的銀線末端編入組織，或是用焊槍燒成小圓球狀。

26 髮簪蕾絲項鍊

簪形鉤蕾絲編織框的編織技巧，
可以輕易編出尊貴和華麗感的珠寶首飾；
紅銅線和純銀線的對比，加上細膩的串珠粒，
讓這款項鍊出色也更能吸引人目光。

工具

●3/4 吋（1.9cm）簪形鉤蕾絲編織框 ●1.65mm（美規7號）不鏽鋼鉤針

●1 吋（2.5cm）簪形鉤蕾絲編織框 ●2.25mm（美規2號）不鏽鋼鉤針

●鈍針 ●縫衣針 ●焊接工具 ●剪線鉗

材料

●32GA（0.20mm）棕色紅銅線， 100碼長（91.4m）

●30GA（0.25mm）純銀線，1/2 盎司（15.6g）

●260顆串珠粒，顏色任選

●附 5 個圈環的標準純銀材質滑管鉤

製作步驟

1. 把紅棕色銅線綁在 3/4 吋編織框上，尾端預留 6 吋（15.2cm）。使用 1.65mm不鏽鋼鉤針，編織一段130個鎖針，約長19吋（48.3cm），含鉤環；最後將這段金屬絲穿過最後一個針目，整個拉緊收尾。完成後，把

尺寸：寬 2 吋（5.1cm），外圈 $7^{1}/_{2}$ 吋（19.1cm）
內圈 4 吋（10.2cm）

這段編織成品自編織框拿下來。

2. 把純銀線綁在1吋編織框上，尾端預留6吋（15.2cm）。使用1.65mm不鏽鋼鉤針，編織一段130個鎖針、約長19吋（48.3cm），含鉤環；最後將這段金屬絲穿過最後一個針目，整個拉緊收尾。完成後，把這段編織成品自編織框拿下來。

3. 使用純銀線26GA和1.65mm不鏽鋼鉤針，用下述方式來將縱長條成品聯結：＊一次穿過兩個圈環，做成環結（兩片各一個圈環）；從＊開始重複，一直到整條長度都編完。

4. 使用純銀線和2.25mm不鏽鋼鉤針，在長條頂端一次穿過兩個針目編織短針。這可以把項鍊塑型，而且確定項鍊頂端的輪廓。連著第一排的短針編織，進行第二排的短針。

5. 在項鍊底端，輕輕地把串珠粒擠進圈內，用鈍針把編織的圈撐開：這可以讓串珠就定位，還有助於進行最後的邊緣編織。用純銀線和2.25mm不鏽鋼鉤針在項鍊底部進行二排的短針。

6. 把金屬絲剪斷並且穿過最後一個針目，整個拉緊收尾。

7. 用雙股純銀線和一般的縫衣針，把附5個圈環的標準純銀材質滑管鉤縫在編織好的長鍊末端。

8. 把編織完的銀線末端編入組織，或是用焊槍燒成小圓球狀。

27 埃及豔后領飾

這款類似埃及貴族服裝上的衣領飾物，
是用三片編織框編織成品組合而成。
這成品是由領圍的純銀絲、中央的棕色織物和衣領外緣長長的純銀絲圈組成：
成品末端固定上鉤子以便配戴。

工具

- $^3/_4$吋（1.9cm）寬編織框 ●1.65mm（美規7號）不鏽鋼鉤針
- 2.25mm（美規2號）不鏽鋼鉤針 ●焊接工具 ●剪線鉗
- 2.75mm（美規1號）不鏽鋼鉤針 ●鈍針 ●縫衣針
- 1 吋（2.5cm）編織框

材料

- 32GA（0.20mm）棕色紅銅線，100碼長（91.4m）
- 30GA（0.25mm）純銀線，$1\frac{1}{2}$盎司（15.6g）
- 3組純銀材質鉤環扣

製作步驟

A. 製作各部份鍊圈

1. 把棕色紅銅線綁在 $^3/_4$ 吋編織框上，尾端預留6吋（15.2cm）。使用1.65mm不鏽鋼鉤針，編織一段22吋（55.9cm）長的130個鎖針，最後將

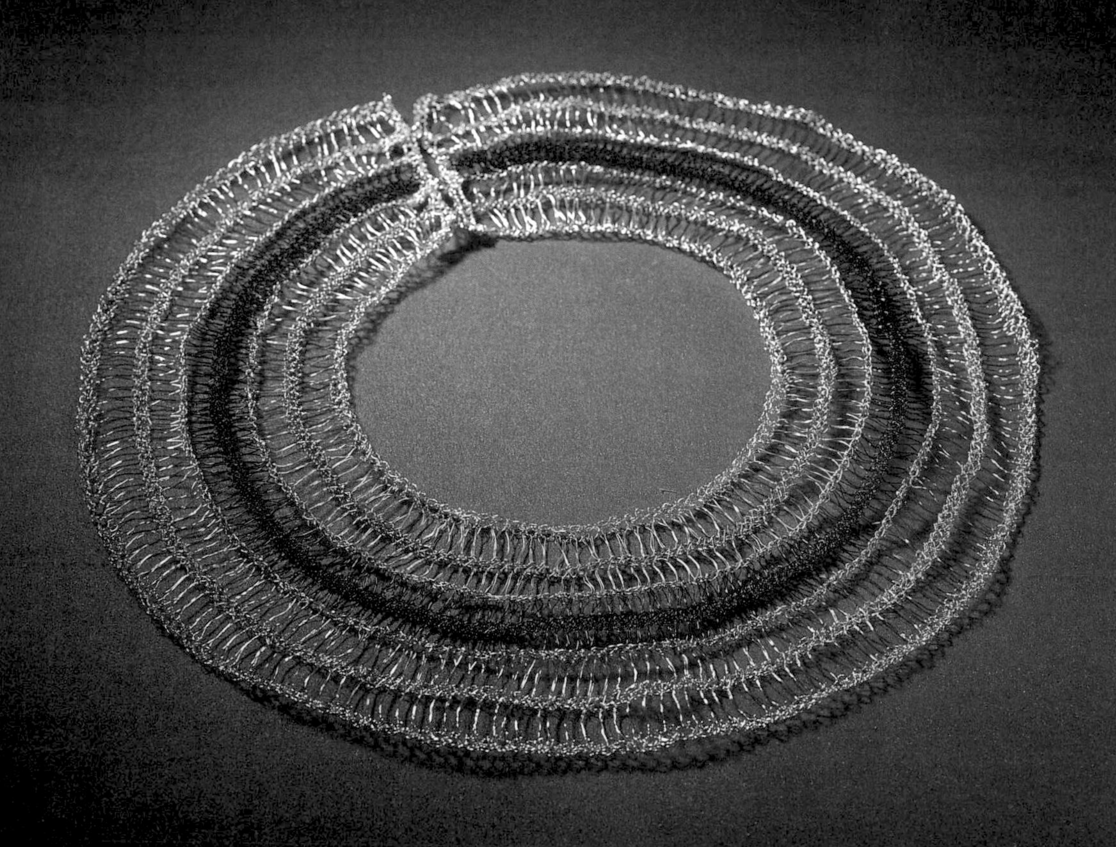

內圈長 5¼吋（13.3cm），寬 3 吋（7.6cm）

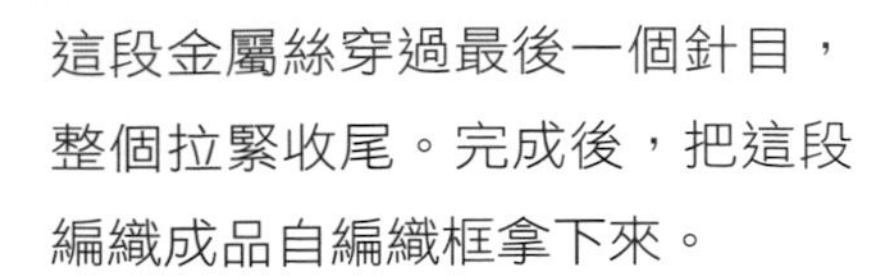

這段金屬絲穿過最後一個針目，整個拉緊收尾。完成後，把這段編織成品自編織框拿下來。

2. 把純銀線綁在 1 吋的編織框上，預留6吋（15.2cm）尾端。使用1.65mm不鏽鋼鉤針，編織一段22吋（55.9cm）長的150個鎖針，最後將這段金屬絲穿過最後一個針目，整個拉緊收尾。完成後，把這段編織成品自編織框拿下來。

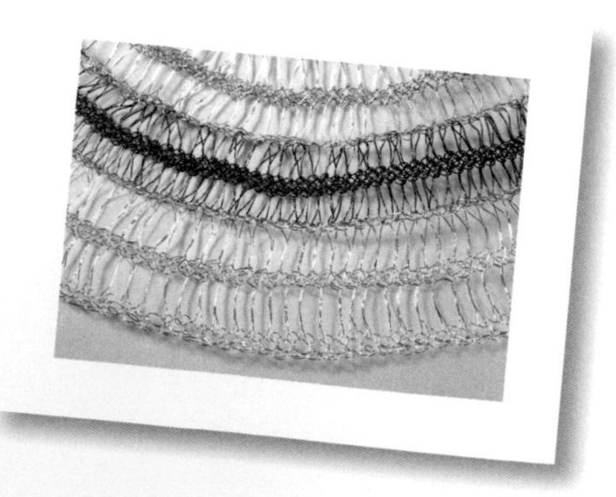

3. 重複步驟2再作一段純銀絲編織條，35吋（88.9cm）長的225個鎖針。

B. 進行成品組合

35吋（88.9cm）長的純銀絲鎖針是領緣；22吋（55.9cm）長的棕色銅線圈是中央部份；22吋（55.9cm）長的純銀絲是領圍。

4. 使用1.65mm不鏽鋼鉤針和純銀線進行聯接：把22吋（55.9cm）長的棕色上漆紅銅線和外緣的35吋（88.9cm）長的純銀絲鎖針成品用以下方式編織成一體，＊同時鉤三圈（一棕二銀）的方式下一短針，再以同時鉤二圈（一棕一銀）的方式下一短針，如此這般從＊重複一直到一整排編完。

5. 使用2.25mm不鏽鋼鉤針和純銀線進行聯接：把22吋（55.9cm）長的純銀絲領圍用以下方式編織和上一步驟成品聯接：＊以同時鉤二圈（一棕一銀）的方式下一短針，如此這般從＊重複一直到一整排編完。

6. 使用2.25mm不鏽鋼鉤針和純銀線照以下方式把頂端一排短針完成：

＊以同時鉤一圈的方式下一短針，再以同時鉤二圈的方式下一短針，如此這般從＊重複一直到一整排編完。加一鎖針再轉下一排，再編第二排完整的短針。

7. 使用2.75mm不鏽鋼鉤針和純銀線照以下方式把領飾的底部和側邊完成：從頂端轉角開始編一排短針，每個轉角都下三個短針，順序如下：加一鎖針再轉下一排，下三個轉角短針後編下一排完整的短針。

8. 把銀絲剪斷並且穿過最後一個針目，整個拉緊收尾。把編織完的銀線末端編入組織，或是用焊槍燒成小圓球狀。

9. 在領飾對立的兩端，一共縫上三組標準純銀材質鉤環扣以便固定配戴。

28 金色玉穗項鍊

誰能想像一穗穗完整的玉米編織會這麼精緻奪目？
這款項鍊是由十九穗黃金串接和珍珠編成的玉蜀黍組合；
在作者的巧思編排下，
珍珠玉蜀黍最後將穿過絲質細繩以便穿戴。

工具

- 1.65mm（美規7號）不鏽鋼鉤針　● 剪線鉗
- 珠寶製工用的鋸框和鋸刀

材料

- 18K金線28GA（0.33mm），$1\frac{1}{2}$盎司（47g）
- 外徑1.5mm的18K金管、線徑28GA（0.33mm），12吋（30.5cm）
- 絲質細繩，24吋（61cm）長，用來穿過珍珠和玉米形墜飾
- 19顆白色珍珠10mm大小　● 18K金質鉤扣

製作步驟

1. 用18K金線28GA（0.33mm）在1.65mm不鏽鋼鉤針柄上形成圓圈，然後鉤針轉兩次來把圓圈閉鎖。（參照次頁之針法練習）
2. 重整步驟 1 來另外多做三個葉片、形成一個四葉苜蓿的形狀。

尺寸：24 吋（61cm）長，3 吋（7.6cm）
大小玉米 $7^1/_2$ 吋（19.1cm）

3. 第一圈：把鉤針穿進四葉中任一葉，鉤住線再拉一新葉穿過，把線掛在鉤針柄上來開放一個新圈，讓每一針都具備尺寸一致性。

4. 抽出鉤針，再穿進其他的葉片圈環中；重複步驟 3 再作一新針，以此類推，順時鐘編下去，編完一回合有四新針。

5. 第二圈：重複步驟3、 4再作一圈新針；不過在現有完成針後的同時，藉著把鉤針穿入圈間聯結橋掛線引拔作一新針，一共八針。

6. 第三圈到第十圈：繼續自現有針衍生新的一針，作一圈新針。你一邊編織，玉米的圓頂形狀會慢慢形成，繼續邊轉邊編下去。

7. 第十一圈：＊藉著穿進鄰近的兩針來將兩針結合，之後再編正常兩針。從＊處開始重複一次（一圈保持六針）。

8. 第十二到十六圈：繼續自現有針衍生新的一針，作一圈新針。

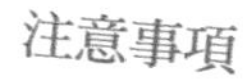

要做出平均大小的圈環，還有順暢的工作節奏都要花時間。在做18K金線實物之前，不妨先用銅線做練習。先分別編織19穗玉蜀黍。

9. 預留4吋（10.2cm）尾端後剪斷。將這段金屬絲穿過最後一個針目，整個拉緊收尾。
10. 藉由預留的尾端來把所有的編織組合一起，把線打結穿出，作為玉蜀黍編織飾物的結束。
11. 把編織完的金線末端編入組織，再把多餘的線剪掉。
12. 用手指細心地把玉米捲起，再拔拉塑形，使其看起來像玉米的穗頭。
13. 測量玉米頂端大小，用珠寶製工用的鋸框和鋸刀依尺寸割下金管套住。一共割下十九段金管，依次套上玉米頂端三分之一（這些金管可以遮住絲質細繩穿過的地方）。把週圍的針線拉緊，避免金管自玉米頭滑出。
14. 把玉蜀黍編織飾物和珍珠交替穿進，每個洞之間都打結固定。
15. 把18K金質鉤扣縫在穿好編織飾物的絲質細繩末端，以方便配戴。

針法練習

本款作品要把針目編織平均，需要花時間去練習以下針法。

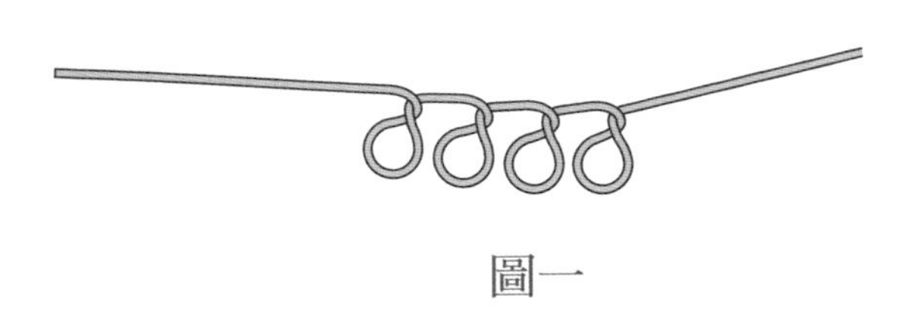

圖一

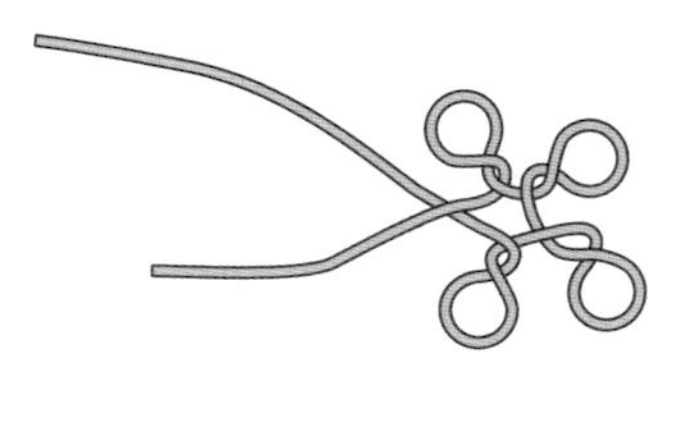

圖二

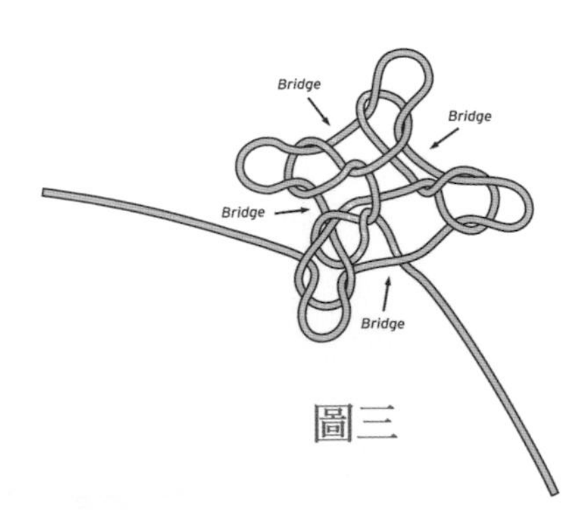

圖三

建議練習用金屬絲和鉤針

使用28GA（0.33mm）線徑的金屬絲線和2mm（美規4號）鋼鐵鉤針。

試作步驟

1. 用鉤針柄先作個環，並緊纏一圈半讓圈拉緊。
2. 如圖一，接連多作三個圈。再合併彎成一個四葉草的形狀，如圖二。
3. 這算第一回合：自步驟 2 的四個圈中選一個，鉤針穿入，藉鉤針柄勾線做個新圈──小心讓這新圈的形狀和大小都和四葉草一致。
4. 移開鉤針，順時鐘旋轉，繼續將其他三葉中的圈結逐一完成。讓四葉草瓣內都有新圈。
5. 接著第二回合：如步驟 4 再作一輪圈結；不過同時在將鉤針穿進先前四葉圈結間的橋樑，如圖三，掛線引拔作一新針，連續做一圈共四次。這四次做完後仔細數來，你已經編八針。

29 典雅北歐項鍊

用來編織這款典雅項鍊的舊式針法，
通常稱為北歐（維京）編織針法（Viking Knitting）。
這個針法是經由鉤針個別鉤出的金屬絲圈環
所逐漸形成的管條狀組織。雖然項鍊成品看似簡單，
不過實際上需要起碼中等程度的編織技術。

工具

- 延度計：31洞鋼板、孔徑尺寸5～8mm， 31洞鋼板，孔徑尺寸2～5mm
- 2.00mm（美規0號）繡針或小號錐子
- 焊接工具 ●乾淨鎚子 ●劃線器 ●尺寸多樣的鐵軸心
- 珠寶製工專用的鋸框和鋸刀 ●銼刀 ●砂紙 ●圓規
- 可更換把柄或是手動旋轉鑽子，鑽頭1mm
- 鉗子 ●剪線鉗 ●尖細的紙杵

材料

- 18K金線26GA（0.40mm），1盎司（30.85g）
- 18K黃金片12×20×0.75mm，6/15 ×0.75mm作末端套管
- 18K黃金焊接用接合片分軟、中、硬三級，每級0.3盎司（9.8g）
- 直徑1.50mm18K金線、45mm長，用來製作連接環
- 直徑2.50mm18K金線、90mm長，用來製作栓扣鉤
- 18K黃金圓管26GA（0.40mm）1 吋（2.5cm）長用來製作栓扣橫槓
- 18K黃金片5×12×2mm作栓鉤拉環

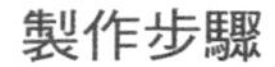

製作步驟

1. 自18K金線26GA（0.40mm）剪下一段28吋（71.1mm）長和三十五段20吋（50.8mm）長；每段20吋（50.8mm）長的金線，會依針目大小製作出約半吋（1.3cm）長的鎖針。

2. 使用28吋（71.1mm）長的金線，做出七圈長橢圓形圈環。把橢圓形圈環兩邊正反扭轉，再把這束圈環中央綁緊固定。把這些圈環一一展開，形成有七瓣的花朵形基座。多餘的金線穿過任一瓣圈環拉緊。

3. 在開始編織鎖針之前，用手指自圈環上方穿過金線再拉回來，從右邊向外退出。

4. 每一針都靠插進鑽子或織針來調整形狀，線圈滑掛在柄上使形狀平整完美；每一針都切實拉緊再拔出針來（要維持每一針尺寸和形狀的穩定，對稱和張力一致，這對成品的美觀與否有決定性的影響。）。

5. 重複步驟3、4，順時鐘方向織下去，直到還剩一吋金線（2.5cm）。

6. 當一段織到最後一針，把金線末端留在中央鎖針裡面。再藉穿進剛才最後一針的圈環，加入一條新的20吋（50.8mm）長金線。把前一段金線末端和新加入的線末端並排，搓成一股後成一小片，把這片狀組織留在管狀編織裡。

7. 照上述方式繼續編織和加入新線，直到整條鍊長已經到達18吋（45.7mm）長。當鎖針編到一定進度時，把末端留在管狀編織裡，像加入新線的作法一樣。

以下為鍛造項鍊步驟，過程必須細心謹慎；如果鍊子經過良好的鍛鍊，那麼不論是扭曲或變直輪廓，便不是難事。反之，則會使飾品的完工不盡理想。

尺寸：$19\frac{1}{2}$吋（49.5cm）長，直徑4.85mm

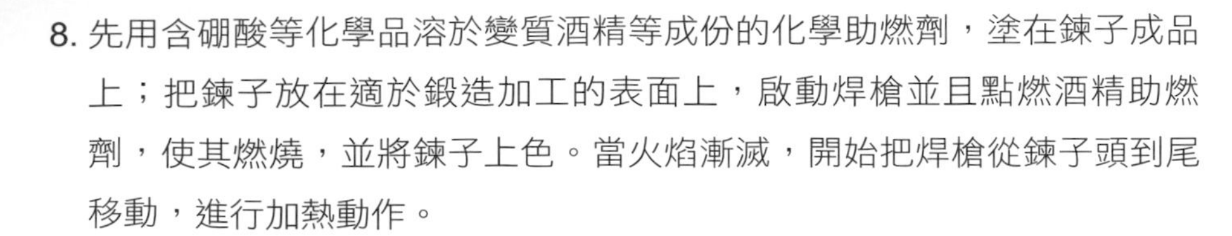

8. 先用含硼酸等化學品溶於變質酒精等成份的化學助燃劑，塗在鍊子成品上；把鍊子放在適於鍛造加工的表面上，啟動焊槍並且點燃酒精助燃劑，使其燃燒，並將鍊子上色。當火焰漸滅，開始把焊槍從鍊子頭到尾移動，進行加熱動作。

9. 以焊槍平均地把鍊子每一段緩慢而均勻地燒到一定溫度。在短短的間隔時段，維持一定溫度：把鍊子燒得通紅近半黑（千萬不要燒到像櫻桃那樣燦紅），再把鍊子泡進水裡。用淡酸水清潔過後，洗淨瀝乾。

10. 用手把鍊子整條徹底拉直，再放到延度計鋼板洞中，慢慢使粗管狀的鍊子外徑平滑均勻。

11. 使用0.75mm的黃金片，來作末端套管。尺寸是內徑4.8mm，長度11mm。用硬焊片把頭尾燒合成圈。

12. 用劃線器把管圈對中切開成半，一邊長度是5mm。用硬焊片把圈燒合在剩下的6×15mm的黃金片上，等於把金管一頭蓋上。把多餘的金片鋸掉，並且把金管外緣磨平。

13. 用粗金線來製作內徑3mm的連接環。彎成環狀後剪斷，頭尾相接齊平但不焊接，把相接點用銼刀磨平。把連接環的接合口朝上，並用中硬度焊片焊接在金管上。

14. 用軟硬度焊片把兩個含連接環的金管蓋，焊接在編織的管鍊兩頭作為末端套管。

15. 用2.50mm金線來製作外徑18mm的小栓鉤環：把圓圈形成後，用硬焊片把頭尾燒合。把圓圈套在鐵軸心並用乾淨的鎚子敲擊修正，直到圓圈形狀勻稱。

16. 把剩下來的2.50mm金粗線敲直，裁一段26mm長度做為鉤栓。並用劃線器置中作記號。

17. 圓規設定在6mm直徑畫圓，並且在5×12×2mm黃金片上用劃線器劃出中線來作栓鉤的耳。用細粒銼刀或細圓針銼刀把金片兩面磨出一個圓弧。

18. 把鉤栓子和栓鉤環並排，在對應的黃金片兩端都有相對的圓線溝槽，用硬焊片將之燒合固定。從中線鋸開來分開栓扣兩邊，用銼刀磨平切口，圓角也要磨細。

19. 使用圓規標出2.50mm厚金圓片末端中點，先使用鑽頭尺寸1mm鑽出小洞，再換大鑽頭把洞鑽大到2.75mm。使洞口寬度能適用連接環。

20. 把兩個連接環的環打開，把栓鉤的耳零件穿進去再闔上。用軟焊片把頭尾燒合。

注意事項

此款項鍊難度較高、需較多的工具以及高階的編織技巧，請讀者斟酌製作。

針法練習

這個針法是先用你的手指做出一個個鉤環，再綁緊在棒針柄或是鑽子上，如圖一。

建議練習用金屬絲和鉤針

使用兩個20英吋（50.8cm）線軸量的26GA（0.40mm）線徑金屬絲線；還有2mm（美規0號）的棒針和尺寸接近的鑽子。

試作步驟

1. 用棒針尖端纏金屬絲線，做個橢圓形；如圖二。連續重複這個步驟七次，形成如同圖三的一匝扁圈。
2. 用手指拿著扁圈末端，用棒針尖端插進另外一頭，如圖四；轉動棒針讓一匝線圈變成一綑狀，用多餘的金屬絲線將圈綑綁緊。如圖五。
3. 將這一綑線圈一一小心展開成圖六，那是這個編織針法的基底。
4. 把多餘長度的金屬絲線，穿進鄰近的兩個圈內，如圖七、圖八。
5. 把線拉緊。
6. 在棒針上小心地將線圈收緊，如圖九。
7. 依順時鐘方向，一次一個圈結地做；直到金屬絲線長度只剩一吋長，如圖十。
8. 要加進一條新的金屬絲線，將新線插進下一個圈結裡，然後和舊線尾扭轉幾次後糾結成一起，如圖十一。讓這個接頭隱藏在線管作品裡，再繼續編織下去。

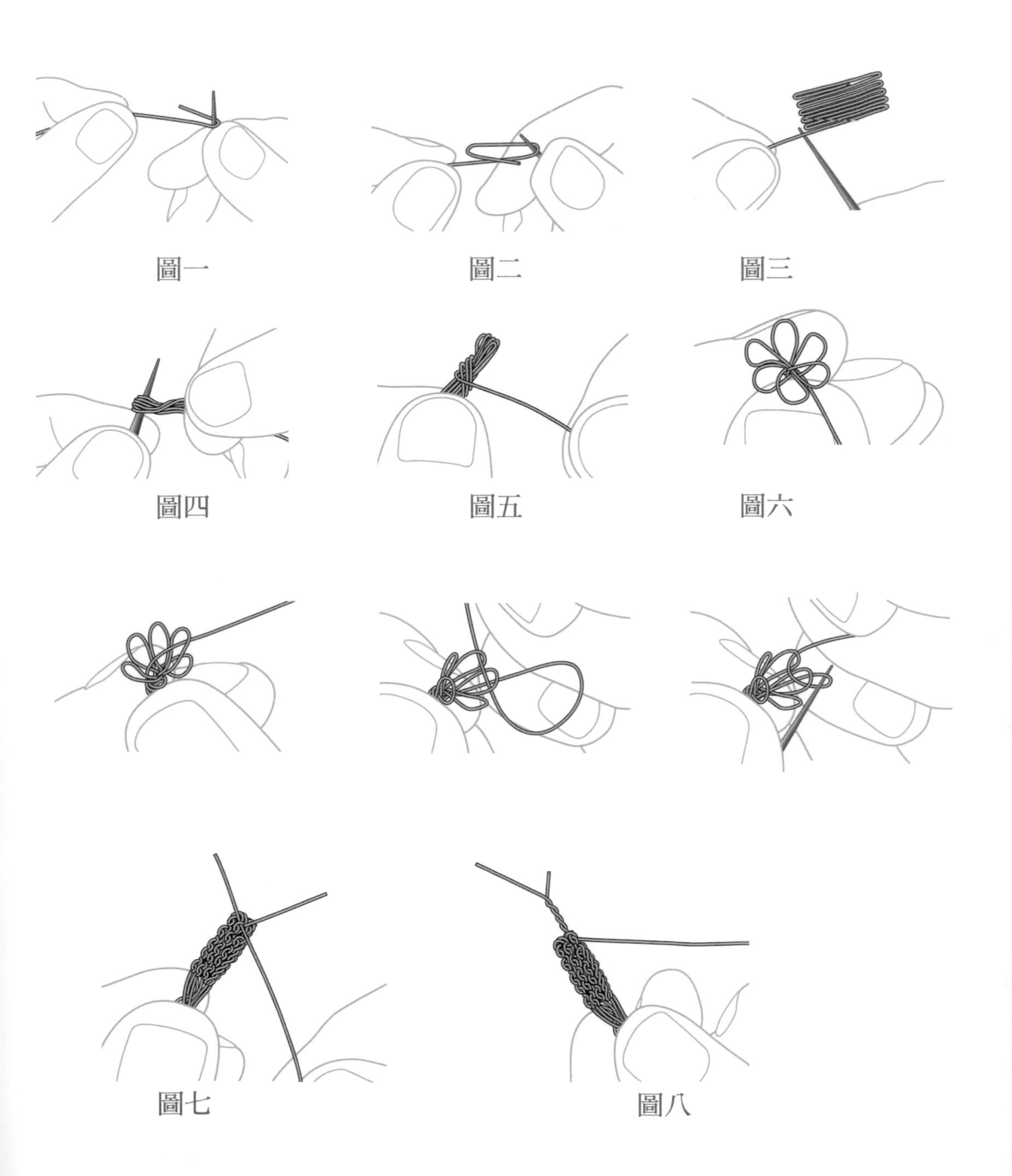
圖一
圖二
圖三
圖四
圖五
圖六
圖七
圖八

Part 3

Part 3

設計師作品

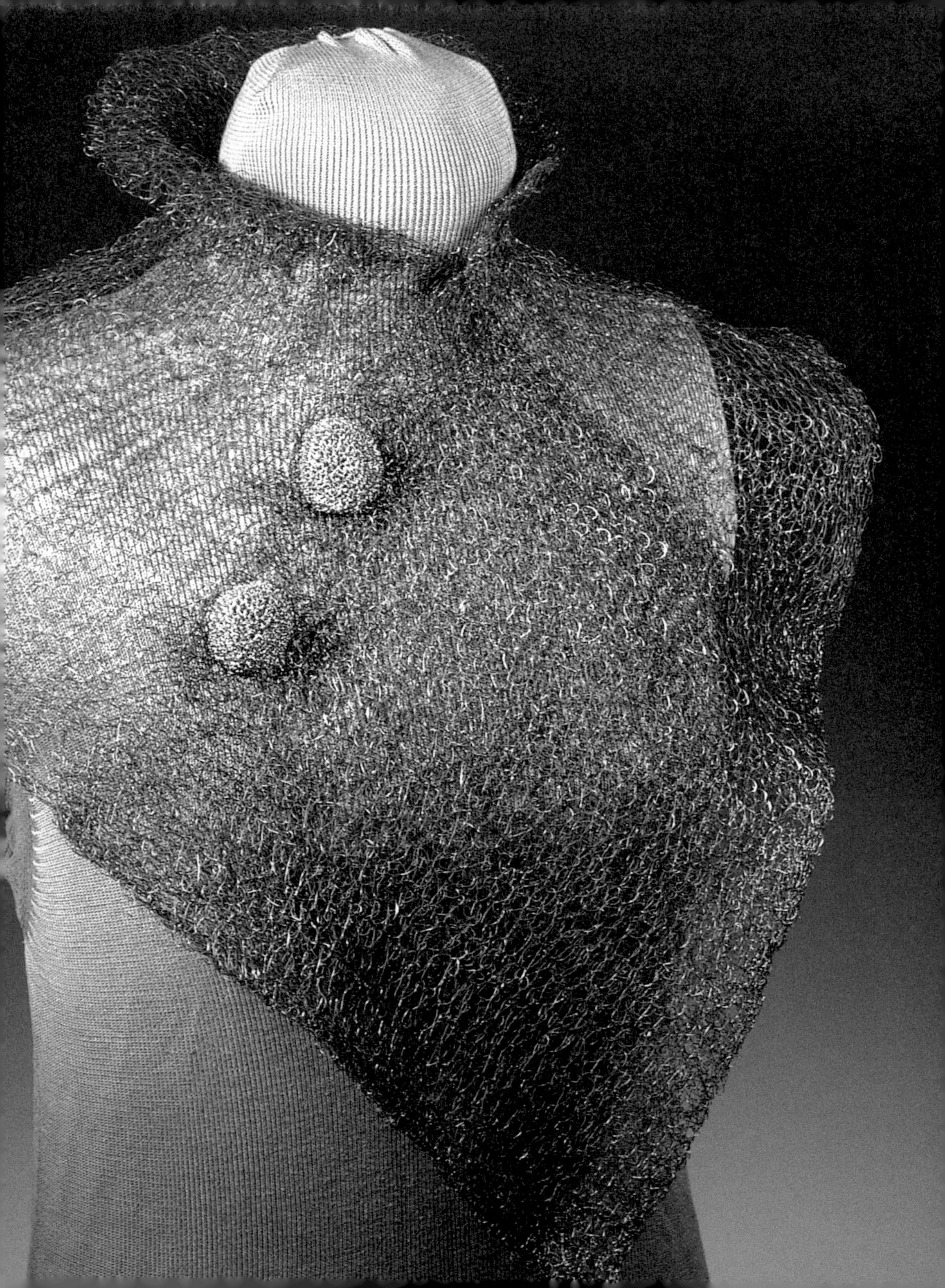

無題（左圖）

作品尺寸為長15吋（38.1cm），由標準純銀絲與18K金絲編織而成。英格．碧麗斯．凱佛曼（INGER BLIX KVAMMEN），2001年作品。

平衡（右圖）

作品尺寸為 $^{15}/_{16}$ × 5 $^{5}/_{8}$ × $^{9}/_{16}$ 吋（2.4×14.3×1.4cm），由純細銀線、標準純銀絲、18K金絲組裝而成。安娜塔西亞．派西思（ANASTACIA PESCE），2003年作品。

伊佐拉一世（下圖）

作品尺寸為21×1吋（53.3×2.5cm），由黃銅線、紅銅線和銀線，盤捲成圈。蒂娜．芳．侯德（TINA FUNG HOLDER），2000年作品。

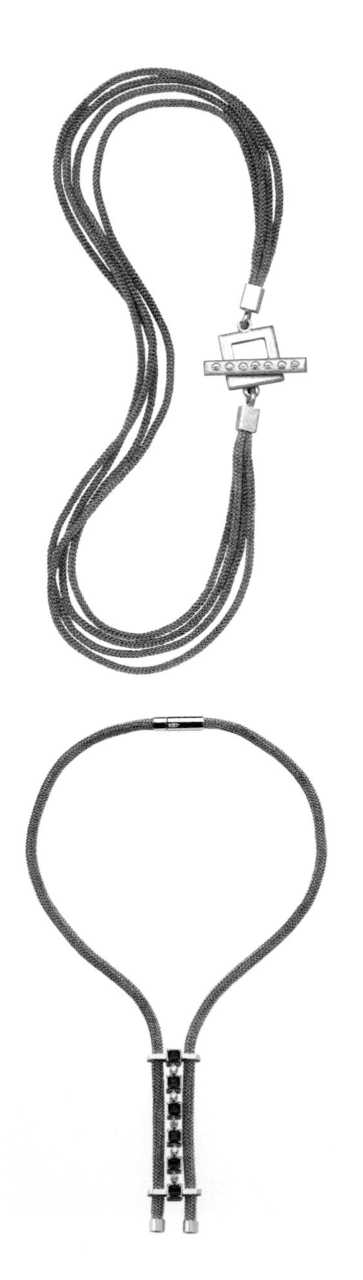

無題（上圖）

作品尺寸為1 3/4×1 3/4×1 3/4吋（4.4×4.4×4.4cm），由水墨色不鏽鋼鐵絲編織而成。尤金·克佛·貝爾（EUGENIE KEEFER BELL），2003年作品。

四鍊（左上圖）

作品尺寸為17×8×1吋（43.2×20.3×2.5cm），由18K金線、鑽石編織組合而成。麥克·大衛·史得林（MICHAEL DAVID STURLIN），2002年作品。

紅碧璽頸鏈（左下圖）

作品尺寸為17×10×11/2吋（43.2×25.4×3.8cm），由18K金絲、紅碧璽編織組合而成。麥克·大衛·史得林（MICHAEL DAVID STURLIN），2001年作品。

無題

作品尺寸為24×6×2吋（61×15.2×5.1cm），由純細銀線、標準純銀絲編織而成。瓊安．杜拉（JOAN DULLA），2003年作品。

紅色嘉年華（左上圖）

作品尺寸為3×3×3吋（7.6×7.6×7.6cm），紅銅線和淡水珍珠編織而成。蘇珊娜．路德維斯卡（ZUZANA RUDAVSKA），2000年作品。

秋日之華（左中圖）

長$27\frac{1}{2}\times31\frac{1}{2}$吋（69.9×80cm）紅銅線、串珠以管狀針法編織而成。里歐．什莫爾（LIO SERMOL），2004年作品。

無題手鐲（左下圖）

高4吋（10.2cm），由珍珠、扣子、純細銀線、上漆紅銅線編織而成。英格．碧麗斯．凱佛曼（INGER BLIX KVAMMEN），2002年作品。

翩翩蝴蝶（右頁左下圖）

各別尺寸為$2\times\frac{13}{16}$吋（5.1×2.1cm），由純細銀線、14K金絲、珊瑚、青金石編織而成。漢恩．貝瑞思（HANNE BEHRENS），2004年作品。

無題（上圖）

尺寸為18 15/16×3 5/16×2 3/4 吋（48.1×8.4×7cm），紅銅線、各式串珠、電腦零組件、鏡片組合而成。

寶妮·梅爾姿兒（BONNIE MELTZER），2004年作品。

伊麗莎白晚禮服（右圖）

作品尺寸為60×25×10吋（152.4×63.5×25.4cm），以紅銅線編織而成。

潔絲·曼德斯（JESSE MATHES），2001~2002年作品。

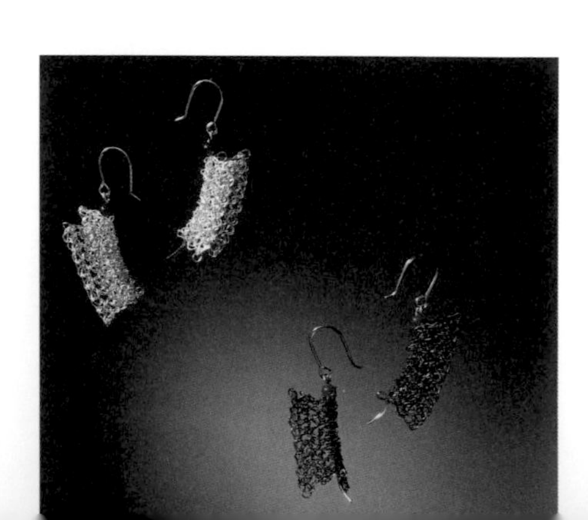

希臘陶壺（上圖）

作品高4吋（10.2cm），由細銀絲與標準銀絲編織而成。愛蓮·費雪（ARLINE M. FISCH），2003年作品。

多采多姿手鐲（左圖）

作品尺寸為3×3×3吋（7.6×7.6×7.6cm），由銅線與半寶石編織而成。蘇珊娜·路德維斯卡（ZUZANA RUDAVSKA），2003年作品。

形態的累積（右圖）

作品尺寸2×2×$^1/_8$ 吋（5.1×5.1×0.3cm），由細銀絲、銀管、銀珠編織而成。尤金·克佛·貝爾（EUGENIE KEEFER BELL），2004年作品。

鵝群（下圖）

個別尺寸為4×3吋（10.2×7.6cm），由銅線與玻璃串珠組成。凱薩琳·哈芮絲（KATHRYN HARRIS），2004年作品。

搖籃（上圖）

作品尺寸為$1^{15}/_{16}$ ×$3^{3}/_{8}$ ×$^{1}/_{2}$ 吋（2.4×8.6×1.3cm），由標準銀線、細銀絲、18K金線，以及淡水珍珠編織而成。安娜塔西亞·派西恩（ANASTACIA PESCE），1998年作品。

無題（右頁下圖）

作品尺寸為18×2×2吋（45.7×5.1×5.1cm）上漆紅銅線、上金漆金屬鉤子編織組合而成。

安妮·曼德羅（ANNE MONDRO），2004年作品。

三色編織項鍊（右圖）

作品長20吋（50.8cm），18K金線、鑽石編織組成。麥克．大衛．史得林（MICHAEL DAVID STURLIN），2002年作品。

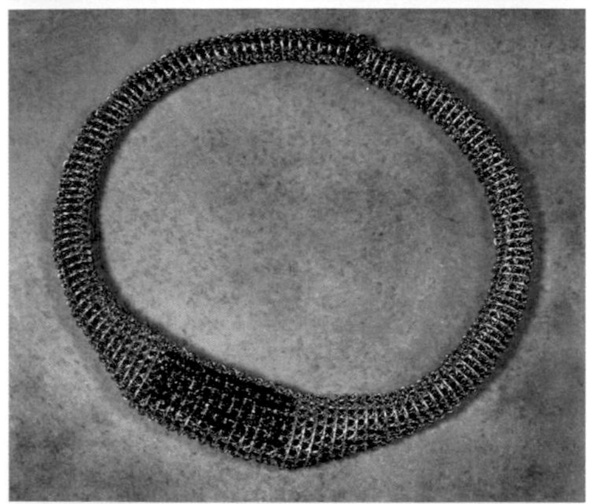

橘綠胸針（左上圖）

作品尺寸$2^{3}/_{4}\times 2^{1}/_{4}\times {}^{1}/_{4}$吋（7×5.7×0.6cm），由捷克石、紅玉髓、金線與銀框架所組成。蘇珊娜．路德維斯卡（ZUZANA RUDAVSKA），2002年作品。

無題（左中圖）

作品尺寸為$7\times 6\times {}^{1}/_{2}$吋（17.8×15.2×1.3cm），由紅銅線、玻璃珠鉤編織成。蒂娜．芳．侯德（TINA FUNG HOLDER），1985年作品。

土耳其玉墜子（左下圖）

作品尺寸為$2^{1}/_{2}\times 2^{1}/_{2}\times {}^{1}/_{4}$吋（6.4×6.4×0.6cm）土耳其玉、銀絲編織而成。蘇珊娜．路德維斯卡（ZUZANA RUDAVSKA），2002年作品。

形態的總和（右頁下圖）

作品尺寸為$2\times 2\times {}^{1}/_{8}$吋（5.1×5.1×0.3cm），由純細銀線，標準純銀絲框，標準純銀串珠編織而成。尤金．克佛．貝爾（EUGENIE KEEFER BELL），2000年作品。

火鶴花（上圖）

作品尺寸為7×5×$\frac{3}{4}$吋（17.8×12.7×1.9cm），由上漆紅銅線、玻璃珠鉤編織而成。蒂娜．芳．侯德（TINA FUNG HOLDER），2005年作品。

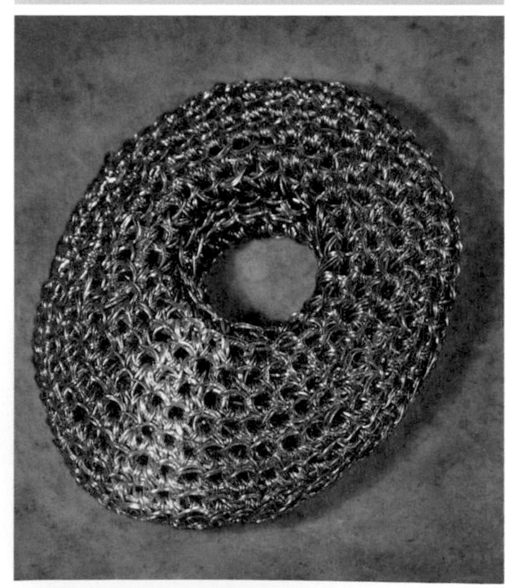

生生不息（右上圖）

作品尺寸為$2\frac{1}{2}$×6吋（6.4×15.2cm），由上漆紅銅線、羊毛和標準純銀串鉤構成。安妮·曼德羅（ANNE MONDRO），2002年作品。

白河（左上圖）

作品尺寸為$2\frac{1}{4}$×$6\frac{1}{2}$吋（5.7×16.5cm）上金漆線、標準純銀絲和淡水珍珠編織而成。蘇珊娜·路德維斯卡（ZUZANA RUDAVSKA），2001年作品。

灩水色（左下圖）

3×2×1 吋（7.6×5.1×2.5cm），由紅銅線和銀線編織而成。蒂娜·芳·侯德（TINA FUNG HOLDER），1985年作品。

紅銅線手鐲（左下圖）

作品尺寸為4×3×3吋（10.2×7.6×7.6cm），由上漆紅銅線，紅玉髓、紫水晶、白水晶和黃水晶編織而成。蘇珊娜．路德維斯卡（ZUZANA RUDAVSKA），2002年作品。

鋸齒（右下圖）

作品尺寸為$6^1/_4$×$^{13}/_{16}$ 吋（15.9×2.1cm），由黃銅線、串珠和鋸齒針法編織而成。里歐　什莫爾（LIO SERMOL），2004年作品。

三組編織手鏈（右上圖）

各別長度為$7^{15}/_{16}$ 吋（20.1cm），由18K金線、白金編織組合而成。麥克．大衛．史得林（MICHAEL DAVID STURLIN），2003年作品。

伊麗莎白領5號（下圖）

作品尺寸為1×12×12吋（2.5×30.5×30.5cm），由鍍銀紅銅線編織而成。潔絲．曼德斯（JESSE MATHES），2004年作品。

無題（右頁上圖）

作品尺寸為8×10¼吋（20.3×26 cm），由紅銅線、上漆紅銅線、串珠和扇形針法編織而成。里歐．什莫爾（LIO SERMOL），2003年作品。

伊麗莎白領3號（右頁下圖）

作品尺寸為¾×11×11吋（1.9×27.9×27.9cm），由鍍銀紅銅線編織而成。潔絲．曼德斯（JESSE MATHES），2004年作品。

銀珠還巢

領圍寬度6¾吋（17.1cm），由標準純銀絲和淡水珍珠編織而成。

英格・碧麗斯・凱佛曼（INGER BLIX KVAMMEN），2004年作品。

無題

作品尺寸為$1\frac{3}{4} \times \frac{7}{16} \times 8\frac{3}{4}$吋（4.4×1.1×22.2cm），由純細銀線、已穿珠金屬絲、青金石、14K金絲和純銀串鉤編織而成。

漢恩·貝瑞思（HANNE BEHRENS），2004年作品。

Part 4

Part 4
精工專有名詞索引

（按英文字母排列）

鍛造（Annealing）

指藉由高溫噴燈（乙炔或瓦斯）或焊接使得加工變硬的金屬，到達某一特定高溫點而軟化的過程。

鑽子（Awl）

一小根一端逐漸變尖細的金屬棒，通常牢固地埋進木頭把柄。大部分用在皮革加工中打洞用；亦可用來在編織環套進勾子前，用來開啟環狀部份和做記號用。

穿珠槽（Bead Spinner）

一個小形圓碗中央有一根鐵柱，特殊的結構用以穿取大量小粒串珠進線或金屬絲。在串珠工藝店或是網路商店可以買到。

銅絲刷（Brass Wire Brush）

以線徑0.07mm細銅絲為刷毛，植入木質或塑膠把柄製成的刷子，一般會搭配液體清潔劑來刷洗一片金屬，來造成軟性的似緞光澤表面。

斜口鉗子（Chain-Nose Pliers）

珠寶工匠常用的鉗子，在樞軸和逐漸變尖細的末端，有著半圓鉗口和平坦表面。尺寸規格繁多，搭配金屬絲專用的，也有細長尖嘴鉗或平口鉗子等等。

鐵工鎚（Chasing Hammer）

一支細長的鎚子，鎚頭一端是用來重鎚的平面，一端是圓頭；握柄通常較長。

窩砧與窩作（Dapping Block and Punches）

木頭或金屬製成的模具，上有尺寸不一的洞或凹槽，可用來將球體狀的珠寶的一面鎚成圓平狀。

圓盤切割器（Disc Cutter）

一塊上有1/8吋~1吋（2.5~3mm）大小不一圓洞的金屬檯，加上數量不一的敲擊切斷器，用來將金屬圓薄片裁切成厚度18GA（1.01mm）的小片。

暗榫（Dowels）

有許多規格大小不同的小木柱，在工藝店和木材行都有賣。

延度計（Drawplate）

一片上有一系列大小圓椎洞的鋼板，用來縮減鋼絲線徑或鋼管直徑大小。

鑽子（**Drill**）

含有可更換底座和鑽頭的一種器械，在本書是用以鑽洞；鑽子可以是手動或電動。

鑽頭（**Drill Bits**）

一根鋼柱、有螺旋狀尖銳的末端，適用於各式各樣的鑽孔工作。要注意選用功能是特別在金屬上打洞的鑽頭。

鑽機（**Drill Press**）

可使鑽頭高速運轉的機器。

絕緣套管（**End Caps**）

小型圓錐形金屬筒子，半圓球體，或各形各色的形狀，用來套住複雜的金屬絲線路末端，或是串珠手鍊的收尾。在串珠商店或是手工製珠寶飾品店都買得到。

銼刀（**Files**）

珠寶工匠使用的銼刀有範圍甚廣的尺寸、形狀、規格粗細等區分。以一般精細的工序來說，鑽石銼刀最為實用——#4 號的磨擦面可以讓寶石表面平滑。

平口鉗子（**Flat-Nose Pliers**）

珠寶工匠常用的鉗子，有鈍而不尖利的鉗口和平面末端（無牙）；在手工藝品店或是手工製珠寶飾品店都買得到各類尺寸。

彈性軸（Flexible Shaft）

一個小型可依不同速度運轉的馬達機台，還有一個搭配固定可拉長或收起軟軸的手動機件，加上一個控制速度的腳踏板。機件種類依功能可以用來打磨、切割或是打光物件。

熱熔膠槍（Glue Gun）

一個小型的手槍狀器械，一旦插電後可以加熱溶解插在其後的膠條，用來黏合物品。在串珠商店或是住宅裝潢用品店都買得到。

珠寶專用的鋸框（Jeweler's saw Frame）

珠寶工匠常用的U字型金屬框鋸，上有鋒利又精細的刀片，設計用來切割金屬片。使用方式是使鋸框水平穩定，以上下移動來進行切斷動作。只有在手工製珠寶飾品用具店才買得到。

小鉤環或別針（Joint, Catch, Pin Stem）

以焊接固定在胸針飾物上，用來別在衣服或其他地方上。

連接環（Jump Ring）

一個圓形或橢圓形的環節，用來接合或聯結配件。一般是用圓嘴鉗子夾成，或是用金屬絲的線軸纏成的。在手工藝品店或是現成的串珠材料店都買得到。

液態氧化劑（Liquid Oxidizer）

只要滴進少許在碳酸鉀滲熱水而成的溶液，便可使得銀器變成灰黑陳舊。或是利用現成買得到的任何滴劑，只要能讓銀器變成帶有復古風格即可。

淡酸水（Pickle）

稀釋過的酸性溶液，用來清潔加熱後有氧化反應的金屬表面。在加溫後使用效果尤佳，但是腐蝕性高，必須謹慎使用。通常買來是固體如粒狀，使用時再溶解於水。

別針（Pin Back）

廣告宣傳用的大眾化商品配件，可以透過焊接、縫合或是膠黏等方法固定在胸章背後。

磨光（Polishing）

金屬絲編織品不能使用器械來打磨上光，可以用擦拭銀器專用的軟布來輕抹。一整片的金屬零件在聯結上絲網結構前，不必上滾筒或是磨光齒輪。

圓嘴鉗子（Round-Nose Pliers）

珠寶工匠常用的鉗子，有圓而不尖利的鉗口和平面末端，在手工藝品店或是手工製珠寶用品的供應商，都買得到各類尺寸。

量尺（Ruler）

一支小鋼尺或是布料捲尺，用來量零件或是材料的長寬等尺寸。

劃線器（Scribe）

一根末端尖利的鋼柱，用來在鋼板等金屬素材作記號；或是可以取代鑽子用來延伸編織環節。

焊接用具（Solder Kit）

泛指在烙焊珠寶時會用到的工具：

— 焊槍。

— 撞針。

— 耐焊接高溫的墊底物如木炭塊、耐火磚或是陶瓷板。

— 助焊劑。

— 助焊劑專用刷或其他輔具。

— 硬度分級為硬、中、軟等的焊片。

— 小型刺繡專用的剪刀，用來切斷焊錫。

— 用來拔除金屬絲焊點的夾子

— 燒焊棒。

— 鑷子。

— 木頭柄的尖細鑷子。

— 銅鋏。

— 冷卻用水。

— 淡酸水。

— 溫熱淡酸水的鍋具，如保溫爐器之類。

— 安全玻璃。

— 滅火器。

軸心（Spindle）

一端變得尖細的鐵杵，譬如機師用的中心沖或是帶刃角用來作出寶石斜面的軸心柱。

鋼鎚墊（Steel Block）

一小塊表面磨得光亮的鋼板，當用鎚子敲擊金屬片或金屬絲成形時會用到。

噴燈（Torch）

珠寶工匠在焊接和鍛煉非鐵金屬，如銀、金、銅和黃銅等，會使用到的噴燈種類繁多：在燒融銀絲末端成球狀這樣的工序，通常一把小型噴出丁烷的噴燈就夠用了。

金屬管（Tube）

坊間可以買到沒有接縫的金屬管，材質可能是銀、銅、黃銅或是不鏽鋼等，規格以管子內外徑區分，還有管壁厚度。一般使用工匠特殊的鋒利刀械來切割。

金屬絲切斷器（Wire Cutters）

小型的平剪或裁斷器，用來將金屬絲夾住並裁剪；或是剪去多餘長度。

銀圈兒

1 3/4×2×14吋（4.4×5.1×35.6 cm）純細銀線、標準純銀絲編織而成。

愛蓮·費雪（ARLINE M. FISCH），2003年作品。

設計師作品索引

10. MELTZER, BONNIE 寶妮・梅爾姿兒

P.036、P.112、P.169

11 MONDRO, ANNE 安妮・曼德羅

P.014、P.090、P.172、P.176

12.PESCE, ANASTACIA 安娜塔西亞・派西思

P.032、P.076、P.080、P.086、P.165、P.172

13.RUDAVSKA, ZUZANA 蘇珊娜・路德維斯卡

P.027、P.115、P.168、P.170、P.174、P.176、P.177

14. SCHMID, ANNEGRET 安娜葛萊特・舒密得

P.026、P.094

15.SERMOL, LIO 里歐・什莫爾

P.028、P.109、P.168、P.177、P.179

16.STURLIN, MICHAEL DAVID 麥克・大衛・史得林

P.156、P.166、P.173、P.177